长沙矿冶研究院有限责任公司、湖南绿脉环保科技有限公司资助

多相浆体搅拌调和与装备

DUOXIANG JIANGTI JIAOBAN TIAOHE YU ZHUANGBEI

刘排秧 陈湘清 刘石梅 编著

·长沙·

图书在版编目(CIP)数据

多相浆体搅拌调和与装备 / 刘排秧, 陈湘清, 刘石梅编著. —长沙: 中南大学出版社, 2022.11

ISBN 978-7-5487-5042-0

Ⅰ. ①多… Ⅱ. ①刘… ②陈… ③刘… Ⅲ. ①浆料—搅拌—化工机构 Ⅳ. ①TQ051.7

中国版本图书馆 CIP 数据核字(2022)第 152100 号

多相浆体搅拌调和与装备

DUOXIANG JIANGTI JIAOBAN TIAOHE YU ZHUANGBEI

刘排秧　陈湘清　刘石梅　编著

□出 版 人　吴湘华
□责任编辑　刘锦伟
□责任印制　李月腾
□出版发行　中南大学出版社
　　社址: 长沙市麓山南路　　邮编: 410083
　　发行科电话: 0731-88876770　　传真: 0731-88710482
□印　　装　湖南省众鑫印务有限公司

□开　　本　787 mm×1092 mm 1/16　□印张 8　□字数 203 千字
□版　　次　2022 年 11 月第 1 版　□印次 2022 年 11 月第 1 次印刷
□书　　号　ISBN 978-7-5487-5042-0
□定　　价　59.00 元

作者简介

Introduction to the author

刘排秧，男，1962年2月生，湖南省涟源市人。1990年研究生毕业于中南工业大学(现中南大学)机电工程学院，获工学硕士学位。长沙矿冶研究院有限责任公司装备研究所副所长、党支部书记，教授级高级工程师。长沙矿冶研究院有限责任公司、中南大学机电学院研究生导师，科技部、教育部(研究生学位论文评审)以及湖南省科技厅专家库专家，中国五矿集团有限公司工程建设项目评审专家，湖南省机械工程学会理事。长期从事新型高效矿冶装备的开发研究，完成多项国家科技攻关课题和院企合作项目的研究，研制的新型高效立式辊磨机、高效搅拌设备、固液分离设备，在矿山、冶金等行业得到广泛应用。在破碎粉磨工艺与装备、多相浆体搅拌调和技术与装备、固液分离技术与装备等方面有较深的造诣。获国家授权发明专利、实用新型专利6项，发表论文20余篇。

陈湘清，男，1976年9月生，湖南省邵阳县人。2004年博士研究生毕业于中南大学资源加工与生物工程学院，获工学博士学位。曾任中国铝业郑州研究院副院长，现为湖南绿脉环保科技有限公司董事长、总经理，教授级高级工程师。郑州大学、江西理工大学、广东工业大学研究生导师，中国矿业联合会、中国有色金属学会、中国资源综合利用协会委员，国际铝土矿协会铝土矿分会副主席。全国有色金属行业劳动模范、中国铝业十大杰出青年、长沙市高精尖B类国家级领军人才。长期从事铝土矿资源利用新工艺、新装备的开发研究，“低品位铝土矿无传动浮选脱硅技术开发及工业应用研究”等9项鉴定成果居国际领先水平，获授权专利40余项，发表论文30余篇，参与《氧化铝生产理论与工艺》等4部著作有关章节的编写。

刘石梅，男，1985年8月生，湖南省新化县人。2011年研究生毕业于中南大学机电工程学院，获工学硕士学位。长沙矿冶研究院有限责任公司智能装备研究所副所长，高级工程师。长沙矿冶研究院有限责任公司硕士研究生导师，中南大学校外兼职导师，长期从事矿产资源综合开发利用工艺与装备研究，获授权专利5项，发表论文15篇，参与《现代选矿技术手册》第三册《磁电选与重选》的编写。

前言

Foreword

多相浆体的搅拌调和，在金属和非金属选矿、湿法冶金、稀贵金属浸出萃取、石油、化工、污水处理和固体废物的无害处置及资源化利用等领域有广泛的应用。但长期以来，对搅拌过程和搅拌设备的研究，无论从工艺还是从力学的角度来讲，国内外普遍重视程度不够。

作者在总结前人研究成果的基础上，结合作者多年的工作体会，首先对多相浆体搅拌调和过程和搅拌器进行描述，在此基础上，对搅拌系统的动力学、搅拌设备主要零部件的强度计算进行分析研究，并对槽体内流场进行 CFD 模拟分析和结构的有限元计算，特别介绍了搅拌槽设备在全尾砂高浓度胶结充填、含砷冶金渣无害处置及资源化利用方面的最新研究成果和应用，希望能给本专业领域的工程技术人员提供某些帮助。

本书的出版，得到了长沙矿冶研究院有限责任公司、湖南绿脉环保科技有限公司的大力帮助和支持。特别是长沙矿冶研究院有限责任公司的李茂林董事长、卓晓军副院长对本书内容的编排与取舍给予了重要指导；易凤英女士、李湘花女士、刘奕祺先生对书中的部分图稿和文字进行了绘制和完善；中南大学出版社的刘锦伟女士为本书的编校付出了辛勤劳动。在此对以上人员的帮助和支持一并致谢。

由于作者水平有限，书中内容虽经反复校审，难免有不足和错误之处，恳请读者见谅并提出宝贵意见。

刘排秧　陈湘清　刘石梅

2022 年 2 月于长沙

目录

Contents

第1章 概 述

1.1 搅拌槽设备在工业中的应用

多相浆体的搅拌调和，在金属和非金属选矿、湿法冶金、稀贵金属浸出萃取、石油、化工、污水处理、固体废物的无害化处置及资源化利用等领域有广泛的应用。搅拌方式主要有气流搅拌、射流搅拌和机械搅拌三种不同形式。气流搅拌利用气体鼓泡或气泡群，以密集状态上升的气流作用促进浆体产生对流循环实现搅拌目的；射流搅拌以高速射流的方式，推动浆体运动实现搅拌目的；机械搅拌通过搅拌叶轮的旋转，推动浆体运动实现搅拌目的。与机械搅拌相比，气流搅拌、射流搅拌对浆体所进行的搅拌作用较弱，仅适用于较低黏度浆体的搅拌。但气流搅拌、射流搅拌没有运动部件，常用于处理腐蚀性液体、高温高压条件下的反应浆体的搅拌。在工业生产中，大多以机械搅拌为主。无论从工艺还是从力学的角度来讲，国内外对搅拌设备的研究的重视程度普遍不够。目前对搅拌过程和搅拌设备的研究，主要集中在以下几个方面：(1)降低单位搅拌容积的能量消耗；(2)采用异形搅拌轮和导流整流循环装置，改善搅拌容器内浆体的运动轨迹及流场；(3)新型高效大型搅拌设备的开发研制。

搅拌设备主要由传动系统、搅拌系统、大梁槽体、导流整流装置(或导流整流锥)、管路附件和自控仪表等组成，关于其详细结构，将在本书后面的章节介绍。

1.2 多相浆体的物理特性

1.2.1 浆体物理特性的描述

浆体的物理特性，通常以浆体浓度 C、浆体密度 ρ 和浆体黏度 μ 等来进行描述。

1. 浆体浓度 C

在液-液相系中，浆体浓度常以某组分的体积 V_i 与浆体总体积 V 的百分比来表示，浆体

总体积 V 等于某组分的体积 V_i 与其他组分的体积 V_L 之和，称为体积浓度，其计算公式为：

$$C=\frac{V_i}{V}\times 100\%=\frac{V_i}{V_i+V_L}\times 100\% \tag{1-1}$$

在固-液相系中，浆体浓度常以固相组分的质量 W_S 与浆体总质量 W 的百分比来表示，称为质量浓度。浆体总质量 W 等于固相组分的质量 W_S 与液相组分的质量 W_L 之和，其计算公式为：

$$C=\frac{W_S}{W}\times 100\%=\frac{W_S}{W_L+W_S}\times 100\% \tag{1-2}$$

需要指出的是，在某些固-液互溶的相系中，当浆体浓度达到饱和浓度 C_0 后，浆体浓度将不再随固相物料的增加而增大，固相物料将以固体颗粒的形式存在于浆体底部。饱和食盐溶于水即是固-液互溶相系典型代表。

2. 浆体密度 ρ

浆体密度指的是单位体积内所含浆体的质量，其物理单位为 kg/m^3。

在液-液相系中，设总体积为 $V(V=V_1+V_2)$，某一组分的体积为 V_1，密度为 ρ_1，另一组分的体积为 V_2，密度为 ρ_2，则浆体密度 ρ 为：

$$\rho=\frac{V_1}{V}\times\rho_1+\frac{V_2}{V}\times\rho_2=\frac{V_1}{V_1+V_2}\times\rho_1+\frac{V_2}{V_1+V_2}\times\rho_2 \tag{1-3}$$

如果液-液相系由多个组分组成，则其密度 ρ 为：

$$\rho=\sum\frac{V_i}{V}\times\rho_i=\frac{V_1}{V}\rho_1+\frac{V_2}{V}\times\rho_2+\cdots+\frac{V_n}{V}\rho_n \tag{1-4}$$

式中：$V=V_1+V_2+\cdots+V_n$。

在总体积为 V 的固-液相系中，浆体浓度为 C，液相的密度为 ρ_L，固相的密度为 ρ_S，设总体积 V 等于液相体积 V_L 与固相体积 V_S 之和，即 $V=V_L+V_S$，则其浆体密度 ρ 可如下求得：

因浆体质量浓度 C 等于固相质量除浆体总质量，有：

$$C=\frac{W_S}{W}=\frac{\rho_S\times V_S}{\rho_L\times V_L+\rho_S\times V_S} \tag{1-5}$$

可得：

$$V_S=\frac{C\times\rho_L\times V_L}{(1-C)\times\rho_S} \tag{1-6}$$

因浆体密度 ρ 等于浆体总质量除浆体总体积，故有：

$$\rho=\frac{W}{V}=\frac{W_L+W_S}{V_L+V_S}=\frac{\rho_L\times V_L+\rho_S\times V_S}{V_L+V_S} \tag{1-7}$$

将式(1-6)代入式(1-7)，可得：

$$\rho=\frac{\rho_L\rho_S}{\rho_S+C(\rho_L-\rho_S)} \tag{1-8}$$

3. 流体黏度μ

流体黏度指的是流体运动时其内部质点产生内摩擦力以抗拒流体变形的性质。如图1-1所示，在平行平板间充满流体，上板以速度u运动，附着在此板上的薄层流体质点也以速度u运动；下板固定不动，附着在此板上的薄层流体质点速度为零。假设流体是层流运动，则由下板到上板之间，我们可看作存在有很多流体层，其速度由零递增到u，上面流体层中的质点与下面流体层的质点在接触面上滑动。上层对下层的作用力与运动同向，带动下层流体加速运动；而下层流体对上层的作用力与运动方向相反，阻滞上层流体的运动。这一对作用力，称为流体的内摩擦力。设作用于上板的力为F，平板与流体接触面积为A，在稳态下，力F与流体内由于黏度而产生的内摩擦力平衡。则内摩擦剪切应力τ为：

$$\tau=\frac{F}{A}=\mu\frac{\mathrm{d}u}{\mathrm{d}y} \tag{1-9}$$

式中的比例常数μ称为黏度或动力黏性系数，是表征流体黏性的一个物理量，在国际单位(SI)制中，其单位为$\mathrm{N\cdot s/m^2}$，或$\mathrm{Pa\cdot s}$。式(1-9)是牛顿提出的，故称为牛顿内摩擦定律或黏性定律，表明了流体作层流运动时其内摩擦力的变化规律。

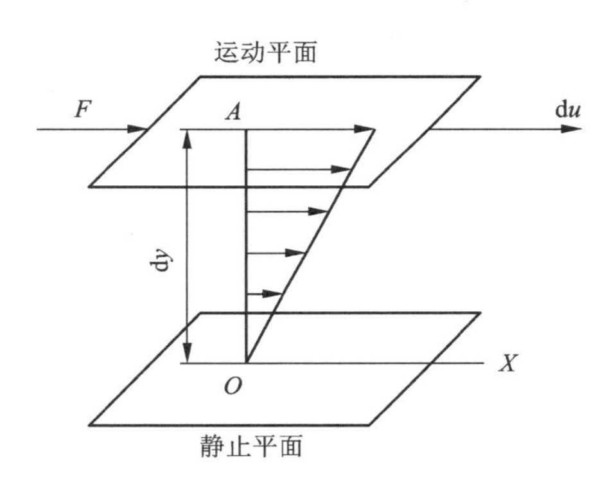

图1-1 流体在平行平板间的流动

4. 混合相系黏度

液-液混合相系的黏度与各组分的黏度有关。如混合液的总体积为V，某一组分的体积为V_1，黏度为μ_1，另一组分的体积为V_2，黏度为μ_2，则混合液的黏度μ可用如下的公式来表示：

$$\mu=\exp\left(\frac{V_1}{V}\ln\mu_1+\frac{V_2}{V}\ln\mu_2\right) \tag{1-10}$$

固-液混合相系的黏度与固相的质量浓度有关，可按下面的公式来计算：

$$\mu=\mu_{\mathrm{L}}\frac{(1+0.5C)}{(1-C)^2} \tag{1-11}$$

式中：C为浆体质量浓度；μ_{L}为液相的黏度。

1.2.2 牛顿流体和非牛顿流体

1. 牛顿流体

我们把满足式(1-9)的流体叫牛顿流体，其他的叫非牛顿流体。对于牛顿型流体，无论搅拌强度是激烈或缓和，它的黏度总是与静止时相同的；在同一搅拌设备内，各处黏度是一致的。由图1-2看出，牛顿型流体 $\tau=\mu\frac{du}{dy}$ 的关系曲线是一条通过原点且斜率为 μ 的直线，即其剪切应力与速度梯度成正比。所有的气体和低相对分子质量物质的液体或溶液、普通的油类、醇类等，都属于牛顿型流体。

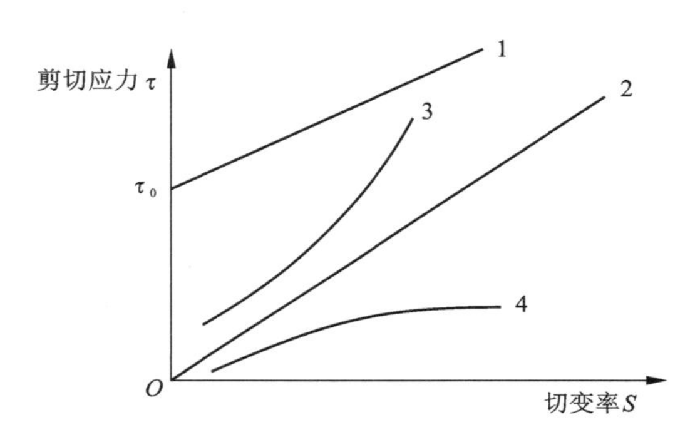

1—宾汉塑性流体；2—牛顿型流体；
3—胀塑性流体；4—拟塑性流体。

图 1-2 牛顿型流体与非牛顿型流体流变图

2. 非牛顿流体

非牛顿型流体的剪切应力 τ 与速度梯度 $\frac{du}{dy}$ 之比称为表观黏度，用如下的公式来表示：

$$\mu_a=\mu r^{a-1}\frac{du}{dy} \tag{1-12}$$

式中：μ 为流体黏性；r 为非牛顿型流体与牛顿型流体的关联系数；a 为流体非牛顿型的程度。必须指出的是，表观黏度 μ_a 指的是在某一速度梯度范围内的数值。根据表观黏度 μ_a 与流体受剪切时间和变形程度的关系，通常又将非牛顿型流体分为如下两类：

(1)流体的切变关系与所受剪切时间无关

该类非牛顿型流体主要有宾汉塑性、拟塑性与胀塑性三种。对图1-2所示的牛顿型流体和该类非牛顿型流体，其剪切应力可统一用如下的公式来表示：

$$\tau=\tau_0+\mu r^{a-1}\frac{du}{dy} \tag{1-13}$$

式中：当 τ_0 不等于0而 a 等于1时，式(1-14)变为 $\tau=\tau_0+\mu\frac{du}{dy}$，表示为宾汉塑性流体，如

图1-2中的直线1所示；当 τ_0 等于0而 a 等于1时，式(1-14)变为 $\tau=\mu\dfrac{\mathrm{d}u}{\mathrm{d}y}$，表示为牛顿型流体，如图1-2中的直线2所示；当 τ_0 等于0而 a 大于1时，式(1-14)变为 $\tau=\mu r^{a-1}\dfrac{\mathrm{d}u}{\mathrm{d}y}$，表示为胀塑性流体，如图1-2中的曲线3所示；当 τ_0 等于0而 a 小于1时，式(1-14)变为 $\tau=\mu r^{a-1}\dfrac{\mathrm{d}u}{\mathrm{d}y}$，表示为拟塑性流体，如图1-2中的曲线4所示。

(2)流体的切变关系与所受剪切时间有关

有些流体的切变关系与所受剪切时间有关，该类型流体主要有触融性流体和触凝性流体两种。如未成型的塑料，相对分子质量大于百万的聚环氧乙烷等。该类流体在恒定的剪切速率下，其剪切应力随所受剪切时间的长短发生变化，剪切应力随剪切时间持续减小的为触融性流体，剪切应力随剪切时间持续增大的为触凝性流体。其流变及剪切曲线见图1-3、图1-4所示。

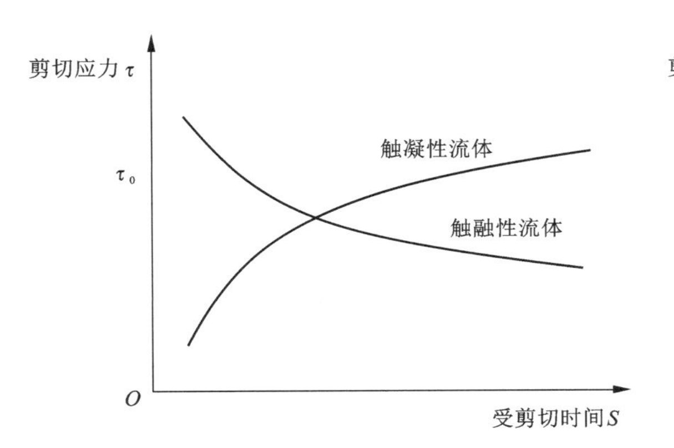

图1-3 与时间有关的非牛顿型流体流变图

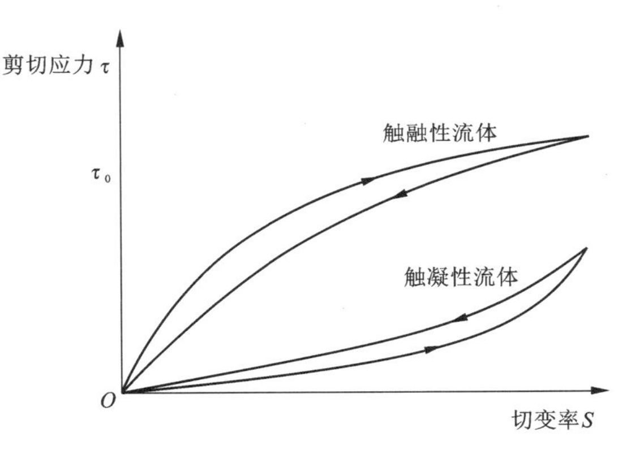

图1-4 与时间有关的非牛顿型流体剪切曲线

第2章 搅拌过程与搅拌器

搅拌过程就是在流场中进行能量的转化和传递的过程，以加速传热、传质或化学反应速度，实现液体的混合或是使固体颗粒悬浮于溶液中的目的。按搅拌对象来分，搅拌过程主要有气-液、液-液、固-液、气-固-液等四种形式，其主要目的为：①气-液搅拌的主要目的是实现气体在液体中的充分弥散混合，以改善气体分布方式；②液-液搅拌的主要目的是使两种或多种互溶的液体混合，以获得一种均匀的混合液或是使两种或多种互不溶的液体混合分散以获得一种均匀的悬浊液或乳化液；③对需加热或冷却的液体进行搅拌，使之发生对流，以达到加速化学反应、增强传热、传质的效果；④固-液搅拌的主要目的是使固体颗粒悬浮于溶液中，以获得浓度均匀的悬浮液或是加速溶解过程。下面分别对气-液、液-液、固-液相系的搅拌过程加以讨论。

2.1 搅拌过程与搅拌器

2.1.1 气-液相系的搅拌分散

1. 气泡大小和分散程度与搅拌强度的关系

“气-液”相系搅拌的主要目的，是使气体成为细微气泡，在液相中均匀弥散，加速传质、传热或化学反应速度。因此要求搅拌器能产生较大的循环体积流量和湍流强度。按供气方式的不同，气-液相系的搅拌，可分为通气式、自吸式和表面曝气式三种类型。通气式的气体通常从搅拌器的下部加入，当没有搅拌时，气体自槽底上升到液面，由于气体不能充分分散与液相接触，故而不能进行有效的传质、传热，形成所谓的气体跑空；施加搅拌并随着搅拌强度的加大，搅拌器周边的气体由于受到流体的剪切作用，大气泡破解为小气泡，并加速在液体中的分散行为，直至达到在液相中均匀弥散的效果。气泡大小和分散程度与搅拌强度的关系如图 2-1 所示。在图 2-1 中，从左至右三个容器的搅拌速度分别为：搅拌速度为 0、搅拌速度等于气体分散所需的最低搅拌转速 n_{min}、搅拌速度等于 1.25 倍气体分散所需的最低搅拌转速 n_{min}。

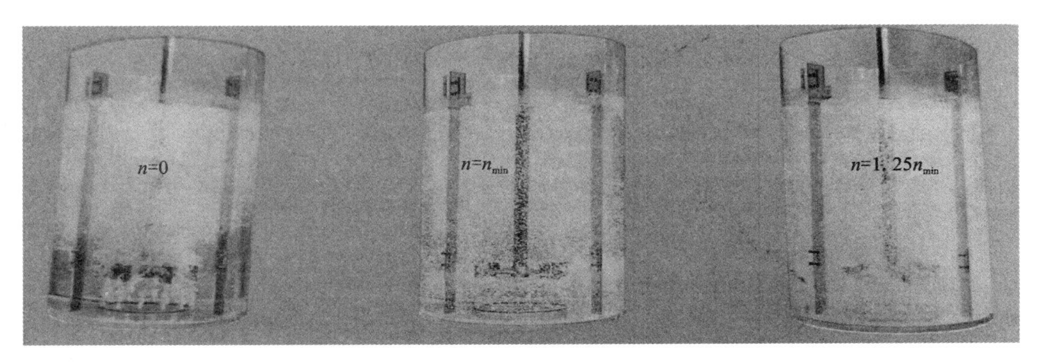

图 2-1　气泡分散程度与搅拌强度的关系

2. 气-液相系搅拌的特征参数

(1) 分散速度 v_g

在直径为 D 的圆柱形容器内，充入体积流为每秒 Q (m^3) 的气体，假设气体在容器内均匀分散，则气体在容器横切面上的分散速度 v_g：

$$v_g = \frac{Q}{\frac{\pi}{4}D^2} = \frac{4Q}{\pi D^2} \tag{2-1}$$

(2) 气体分散所需的最低搅拌转速 n_{min}

在一定的进气速度下，气泡的大小和分散程度，与搅拌强度密切相关。搅拌强度越大，则气泡越小，分散速度越快，弥散越均匀。Westererp 等人研究发现，气体分散所需的最低搅拌转速 n_{min} 可按如下公式计算：

$$n_{min} = 60\frac{K_1 + K_2\left(\frac{D}{T}\right)}{D\left(\frac{\sigma}{\rho}\right)^{0.25}} \tag{2-2}$$

式中：D 为槽体的直径(m)；T 为搅拌器的直径(m)；ρ 为液体密度(g/cm^3)；σ 为液体的表面张力(N/m)；K_1、K_2 是与搅拌器几何参数有关的气体分散常数，几种常用搅拌器的气体分散常数如表 2-1 所示。

表 2-1　搅拌器气体分散常数

搅拌器形式	圆盘搅拌器	涡轮搅拌器	桨叶式搅拌器	下掠式搅拌器
K_1	1.20	1.22	2.25	2.65
K_2	1.23	1.25	0.68	0.57

对于涡轮搅拌器，K_1=1.22，K_2=1.25；对于桨叶式搅拌器，K_1=2.25，K_2=0.68。

(3)气泡的大小

对于气-液体系，平均气泡直径可按下面的公式来确定：

$$d_v = 4.15\left[\frac{\sigma^{0.6}}{\left(\frac{P_g}{V_L}\right)^{0.4}\rho^{0.2}}\right]\varphi^{0.5} + 9\times 10^{-4} \tag{2-3}$$

式中：P_g 为单位体积液体的搅拌功率[kg/(m·s·m^3)]；V_L 为液体的体积(m^3)；ρ 为液体密度(g/cm^3)；σ 为液体的表面张力(N/m)；φ 为持气量。

(4)气-液界面面积

对于六直叶圆盘涡流搅拌器，气-液界面面积可按下面的公式来确定：

$$A = (0.63 \sim 0.95)(n - n_{min})(1-\varphi)\left(\frac{T}{H_0}\right)\mu_L\left(\frac{\rho D}{\sigma}\right)^{0.5} \tag{2-4}$$

对于四直叶开启涡轮式搅拌器，气-液界面面积为：

$$A = (0.66 \sim 0.94)(n - n_{min})(1-\varphi)\left(\frac{T}{H_0}\right)\left(\frac{T}{D}\right)^{\frac{1}{3}}\mu_L\left(\frac{\rho D}{\sigma}\right)^{0.5} \tag{2-5}$$

式中：n 为搅拌转速(r/min)；T 为搅拌轮直径(m)；D 为槽体直径(m)；H_0 为液面高度(m)；ρ 为液体密度(g/cm^3)；σ 为液体的表面张力(N/m)；φ 为持气量。

对六直叶圆盘涡轮搅拌器，液面高度与槽体直径相当时，如果持气量小于0.2，则：

当 $\left(\frac{T^2 n\rho}{\mu}\right)\left(\frac{Tn}{v_g}\right)^{0.3} < 25000$ 时，气-液界面面积 A_1 为：

$$A_1 = 1.44\left[\left(\frac{P_g}{V_L}\right)^{0.4}\rho^{0.2}\sigma^{-0.6}\right]\left(\frac{v_g}{0.265}\right)^{0.5} \tag{2-6}$$

当 $\left(\frac{T^2 n\rho}{\mu}\right)\left(\frac{Tn}{v_g}\right)^{0.3} \geqslant 25000$ 时，气-液界面面积 A_2 为：

$$A_2 = 1.44\left[\left(\frac{P_g}{V_L}\right)^{0.4}\rho^{0.2}\sigma^{-0.6}\right]\left(\frac{v_g}{0.265}\right)^{0.5}\times \exp\left[1.95\times 10^{-5}\left(\frac{T^2 n\rho}{\mu}\right)^{0.7}\times\left(\frac{nT}{v_g}\right)^{0.3}\right] \tag{2-7}$$

(5)持气量

对气-液体系，当 $\left(\frac{T^2 n\rho}{\mu}\right)^{0.7}\left(\frac{Tn}{v_g}\right)^{0.3} < 25000$ 时，持气量 φ 为：

$$\varphi = \left(\frac{v_g}{0.265}\right)^{0.5}\varphi^{0.5} + 0.00015A_1 \tag{2-8}$$

当 $\left(\frac{T^2 n\rho}{\mu}\right)\left(\frac{Tn}{v_g}\right)^{0.3} \geqslant 25000$ 时，持气量 φ 为：

$$\varphi = \frac{A_2}{A_1}\left(\frac{v_g}{0.265}\right)^{0.5}\varphi^{0.5} + 0.00015A_2 \tag{2-9}$$

设 $\varphi^{0.5}=X$，则式(2-8)、式(2-9)可简化为 $X^2+BX+C=0$ 的一元二次方程来求解。

对空气-水体系，持气量 φ 为：

$$\varphi = 0.84v_g \tag{2-10}$$

3. 气–液相系的搅拌功率

气–液相系的搅拌功率，取决于所期望的气体弥散程度及液体的流型、流速及湍流的大小。具体而言，功率与搅拌速度、搅拌器形状、搅拌器层数 m、搅拌器间距 S、液体密度及搅拌槽结构型式（有无挡板等）等有关。当搅拌转速为 n 时，对多层搅拌器，其搅拌功率 P_m 为：

$$P_m = m^{\beta} P_0 \tag{2-11}$$

式中：P_0 为不通气时的搅拌功率；m 为搅拌器层数；β 为与搅拌器间距 S 及搅拌轮直径 T 有关的系数。其中：

$$P_0 = \phi \rho n^3 T^5 \tag{2-12}$$

$$\beta = 0.86\left[\left(1 + \frac{S}{T}\right)\left(1 - \frac{aS}{S - 0.9T}\right)\right]^{0.3} \tag{2-13}$$

式中：

$$a = \frac{(m-1)\lg m - \lg(m-1)}{\lg m} \tag{2-14}$$

单层搅拌器时，因 $m=1$，由式（2–14）可得 $a=0$，

$$\beta = 0.86\left(1 + \frac{S}{T}\right)^{0.3} \tag{2-15}$$

双层搅拌器时，因 $m=2$，由式（2–14）可得 $a=1$，

$$\beta = 0.86\left[\left(1 + \frac{S}{T}\right)\left(1 - \frac{S}{S - 0.9T}\right)\right]^{0.3} \tag{2-16}$$

不同类型的涡轮搅拌器在湍流状态下的 ϕ 值见表 2–2。

表 2–2　涡轮搅拌器在湍流状态下的 ϕ 值

搅拌器型式	挡板宽度 B/槽体内径 D	ϕ
四个直叶片圆盘搅拌器	0.1	4.4
六个直叶片圆盘搅拌器	0.1	6.3
四个弯叶片圆盘搅拌器	0.1	2.6
六个弯叶片圆盘搅拌器	0.1	4.8
四个斜叶片圆盘搅拌器	0.1	3.8
六个斜叶片圆盘搅拌器	0.1	5.6

在通气情况时，其功率 P_g 为：

$$P_g = C\left(\frac{nP_0^2 T^3}{Q^{0.56}}\right)^{0.45} \tag{2-17}$$

上式中的常数 C 与槽体内径 D 及搅拌器直径 T 有关，其值为：当 $T:D=1:3$ 时，$C=0.561$；当 $T:D=2:5$ 时，$C=0.431$；当 $T:D=1:2$ 时，$C=0.371$。

Westererp 等研究发现，多层搅拌器搅拌功率 P_m 与 P_g 之间存在如下关系：

$$\frac{P_g}{P_m}=0.1\left(\frac{nV_L}{Q}\right)^{0.25}\left(\frac{n^2T^4}{gbV_L^{\frac{2}{3}}}\right)^{-0.2} \tag{2-18}$$

式中：n 为搅拌转速（r/min）；V_L 为液体体积（m^3）；Q 为充气量（m^3/s）；b 为搅拌叶片的宽度（m）；g 为重力加速度（m/s^2）。

搅拌器的层数 m，取决于槽内浆体的高度 H_0，层间距 S 可如下确定：

单层搅拌时，$m=1$，$a=0$，$S_1=0$；

双层搅拌时，

$$m=2,\ a=1,\ S_2=\frac{H_0-1.9T}{2} \tag{2-19}$$

三层搅拌时，

$$m=3,\ a=1.37,\ S_3=\frac{H_0-2.27T}{2.74} \tag{2-20}$$

在气-液相系搅拌中，一般以单层搅拌或双层搅拌系统为常见，且需满足条件：

$$0.35\leqslant\frac{S_i}{T}\leqslant 1 \tag{2-21}$$

4. 气-液相系搅拌器的选型

“气-液”相系搅拌要求搅拌器能产生较大的循环体积流量和湍流强度，以实现气体在液相中均匀弥散。因此，大多采用如图 2-2 所示的圆盘涡流搅拌器，其结构尺寸一般按如下关系确定：T（搅拌轮直径）：d（圆盘直径）：L（叶片长度）：b（叶片宽度）= 60 ：40 ：15 ：12。其中搅拌轮直径 $T=(1/4\sim1/3)D$（D 为槽体内径）。气-液相系搅拌器的选型按下述原则和步骤进行：①确定气-液相系的相关参数；②确定搅拌器的形式和搅拌器的转速；③计算气-液相系搅拌的特征参数。

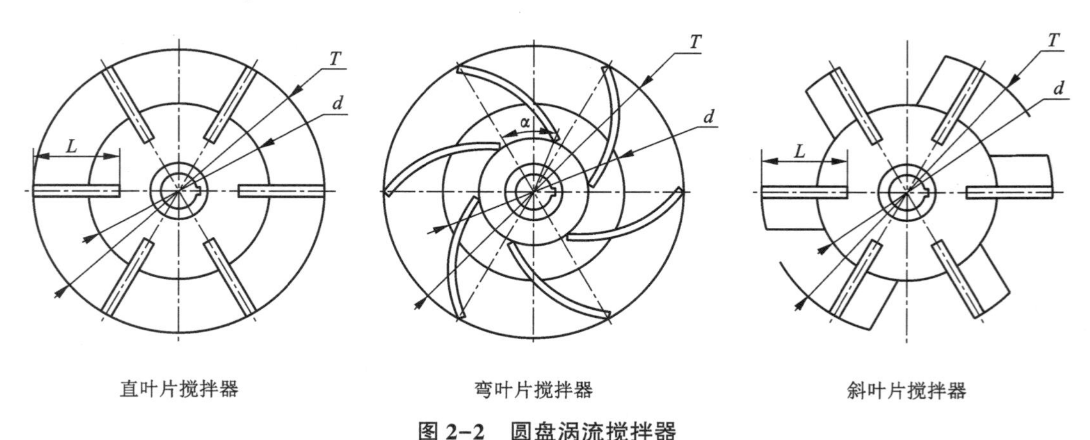

图 2-2 圆盘涡流搅拌器

例 1：有一圆柱形通气搅拌反应釜，槽体直径 $D=2$ m，槽体高度 $H=2$ m，液面高度 $H_0=1.6$ m，液体密度 1050 kg/m^3，黏度 20 Pa · s，表面张力 6×10^{-3} kg/m。通气量为 0.1 m^3/s。气体完全分散时单位体积的功率为 85 kg · m/（s · m^3），试确定搅拌器的型式及结构尺寸和气体充分弥散时的搅拌转速。

解：(1)搅拌器型式及结构尺寸的确定

根据给定的条件，选用六直叶圆盘涡轮搅拌器。按给定的槽体尺寸，可得搅拌轮直径 $T=500\sim660$ mm，取 $T=580$ mm，圆盘直径 $D_0=380$ mm，叶片长度 $L=150$ mm，叶片宽度 $b=120$ mm。

(2)搅拌转速 n 的确定

搅拌器的层数：

当采用单个搅拌器时，因 $m=1$，有：$a=0$，$S_1=0$

采用双层搅拌器时，因 $m=2$，$a=1$，$S_2=\dfrac{H_0-1.9T}{2}=\dfrac{1.6-1.9\times0.58}{2}=0.25$

采用三层搅拌器时，因 $m=3$，$a=1.37$，$S_3=\dfrac{H_0-2.27T}{2.74}=\dfrac{1.6-2.27\times0.58}{2.74}=0.1$

因 $S_2/T=0.25/0.58=0.43>0.35$，$S_3/T=0.1/0.58=0.17<0.35$，故采用双层搅拌器。

根据式(2-16)，有：

$$\begin{aligned}\beta &= 0.86\left[\left(1+\frac{S}{T}\right)\left(1-\frac{S}{S-0.9T}\right)\right]^{0.3}\\ &= 0.86\left[\left(1+\frac{0.7}{0.58}\right)\left(1-\frac{0.7}{0.7-0.9\times0.58}\right)\right]^{0.3}\\ &= 1.64\end{aligned}$$

根据式(2-11)、(2-12)，设搅拌转速为 n，则有：

$$P_2=m^{\beta}P_0=2^{1.64}\phi_{\mathrm{P}}n^3T^5\rho=2^{1.64}\times6.3n^3\times0.58^5\times1050=13546.4n^3$$

因单位体积的功率 85 kg · m/(s · m^3)，则总功率为：

$$P_{\mathrm{g}}=85\times\frac{\pi}{4}\times2^2\times1.6=427.3$$

根据式(2-18)，有：

$$\frac{P_{\mathrm{g}}}{P_2}=0.1\left(\frac{nV_{\mathrm{L}}}{Q_{\mathrm{g}}}\right)^{0.25}\left(\frac{n^2T^4}{gbV_{\mathrm{L}}^{\frac{2}{3}}}\right)^{-0.2}$$

有：

$$P_{\mathrm{g}}=0.1\times\left(\frac{n\times\frac{\pi}{4}\times2^2\times1.6}{0.1}\right)^{0.25}\times\left[\frac{n^2\times0.58^4}{9.81\times0.12\times\left(\frac{\pi}{4}\times2^2\times1.6\right)^{\frac{2}{3}}}\right]^{-0.2}=427.3$$

可得

$$n=2.29\ \mathrm{s^{-1}}=137.4\ \mathrm{r/min}$$

(3)气体分散效果评判

根据式(2-2)，气体分散所需的最低搅拌转速 $n_{\min}$

$$n_{\min}=\frac{\alpha+\beta\left(\frac{D}{T}\right)}{D\left(\frac{\sigma}{\rho}\right)^{0.25}}=\frac{1.22+1.25\left(\frac{2}{0.58}\right)}{2\times(6\times10^{-3}\times1050)^{0.25}}=1.75\ \mathrm{s^{-1}}=105\ \mathrm{r/min}$$

因搅拌转速 137.4 r/min 大于 105 r/min，气体在槽内是能充分弥散的。根据式(2-1)：

$$v_g=\frac{4Q}{\pi D^2}=\frac{4\times0.1}{3.142\times2^2}=0.003\ (\mathrm{m/s})$$

$$\left(\frac{T^2n\rho}{\mu}\right)^{0.7}\left(\frac{Tn}{v_g}\right)^{0.3}=\left(\frac{2.29\times1050\times0.58^2}{20}\right)^{0.7}\times\left(\frac{2.29\times0.58}{0.005}\right)^{0.3}=553.82<25000$$

所以，气-液界面面积 A、持气量 φ 及气泡平均直径 d_v 可根据式(2-6)、(2-8)分别如下计算：

$$A=1.44\left[\left(\frac{P_g}{v_L}\right)^{0.4}\rho^{0.2}\sigma^{-0.6}\right]\left(\frac{v_g}{0.265}\right)^{0.5}$$

$$=1.44\left[\left(\frac{427.3}{\frac{\pi}{4}\times1.6\times2^2}\right)^{0.4}\times1050^{0.2}\times(0.006)^{-0.6}\right]\times\left(\frac{0.03}{0.265}\right)^{0.5}$$

$$=249\ \mathrm{m}^2$$

$$\varphi=\left(\frac{v_g}{0.265}\right)^{0.5}\varphi^{0.5}+0.00015A_1=\left(\frac{0.03}{0.265}\right)^{0.5}\varphi^{0.5}+0.0152$$

解得 $\varphi=0.718$。

根据式(2-3)得：

$$d_v=4.15\left[\frac{0.03^{0.6}}{\left(\frac{427.3}{\frac{\pi}{4}\times1.6\times2^2}\right)^{0.4}\times1050^{0.2}}\right]\times0.718^{0.5}+0.0009=0.00653\ \mathrm{m}=6.53\ \mathrm{mm}$$

2.1.2 液-液相系的搅拌混合

1. 混合时间及分散相比表面积

“液-液”相系的搅拌，由于液相性质的不同，分为互溶液体的搅拌和不互溶液体的搅拌两种。互溶液体的搅拌，就是将两种或多种互溶液体在搅拌作用下实现混合液浓度、密度及其他物性均匀状态的过程；不互溶液体的搅拌，主要目的是把分散相均匀弥散在液体中，得到均匀的悬浊液或乳化液，浮选作业中的药剂搅拌制备，就是典型的不互溶液体搅拌过程。两者从根本上来说都是造成流体的均匀状态。为达此目的，应当避免槽内出现死区，使槽内流体产生对流循环。混合效果的好坏和达到均匀混合所需时间的快慢，不但与流体的对流循环流量有关，还与流体的湍流强度或剪切速度有关。实践证明，搅拌器的泵出流量、湍流强度越大，达到均匀混合所需的时间越短。对互溶相系的搅拌调和，由于不存在物相间的分界面，主要靠槽内液体的对流循环来实现混合的目的。因此，不要求有较高的搅拌剪切速度而需有较大的体积循环流量，同时，为了实现良好的混合效果，缩短混合时间，要求有较大的湍流强度。搅拌器泵出循环流量及湍流强度的大小，与搅拌转速是正相关的，搅拌器的转速越大，其泵出循环流量及湍流强度越大。永田进治研究发现，搅拌转速 n 与混合时间 t_m 存在如下关系：

$$\frac{1}{nt_m}=0.92\left[N_q\left(\frac{T}{D}\right)^3+0.2\left(\frac{T}{D}\right)\left(\frac{\phi}{N_q}\right)^{0.5}\right]^A \tag{2-22}$$

式中：$A=1-\exp\left[-13\left(\frac{T}{D}\right)^2\right]$；$t_m$ 为达到混合均匀所需的时间(s)；n 为搅拌器的转速(r/min)；N_q 为搅拌器的泵出流量准数。当搅拌轮直径等于槽体直径的三分之一左右时，对螺旋桨搅拌器，$N_q=0.45$；对圆盘搅拌器和涡轮搅拌器，当桨叶为 4 片时，$N_q=0.85$；当桨叶为 6 片时，$N_q=0.98$；ϕ 为功率准数，它主要与雷诺准数 Re 有关。因为液-液相系搅拌器大多在湍流区操作($Re\geqslant 104$)，故 $\phi=0.32$。

互不溶液体的搅拌调和，主要是使分散相细化，增大接触面积，评判其混合效果的好坏和快慢，主要取决于分散相的分散程度，因此，要求搅拌器造成的流体具有较大的剪切强度和分散作用。研究发现，搅拌转速越大，其分散程度越好。搅拌转速与分散相比表面积 A 存在如下关系：

$$A=72\frac{n^{1.2}T^{0.8}\rho^{0.6}C}{f_c\sigma^{0.6}} \tag{2-23}$$

式中：A 为分散相比表面积(m^2)；n 为搅拌器的转速(r/min)；T 为搅拌器的直径(m)；ρ 为液体密度(g/cm^3)；f_c 为分散相容积分量；σ 为液体的表面张力(N/m)；C 为分散相的质量浓度。

2. 液-液相系搅拌器的选型

液-液互溶相系的搅拌，由于需要搅拌器能产生较大的循环流量和湍流强度，因此大多采用螺旋桨搅拌器或圆盘搅拌器，搅拌器的桨叶数目一般为 3~6 片。螺旋桨搅拌器或圆盘涡流搅拌器的结构型式见图 2-3，结构尺寸一般按如下关系确定：搅拌轮直径 T : 圆盘直径 d : 叶片长度 L : 叶片宽度 b=60 : 40 : 15 : 12，其中搅拌轮直径 T=1/3D(D 为槽体内径)。

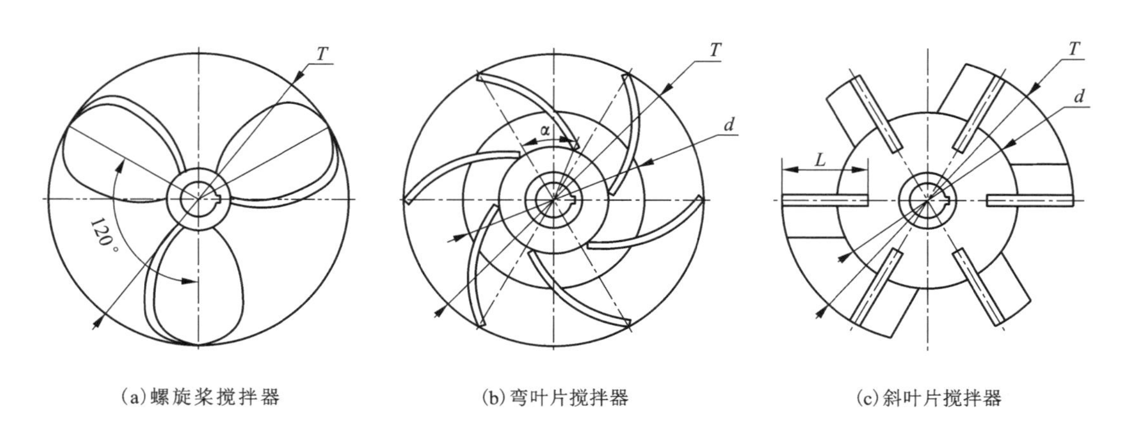

图 2-3　螺旋桨搅拌器和圆盘涡流搅拌器

液-液相系搅拌器的选型按下述原则和步骤进行：①确定混合液的物理性质；②确定搅拌槽的大小和搅拌器的型式；③确定搅拌器的转速与混合时间；④确定搅拌器的功率。

例 2：有一种液体，其质量 $W_1=800$ kg，密度 $\rho_1=1150$ kg/m^3，黏度 $\mu_1=20\times10^{-3}$ Pa·s，在其中加入的液体质量 $W_2=100$ kg，密度 $\rho_2=1000$ kg/m^3，黏度 $\mu_2=7\times10^{-3}$ Pa·s。要求在 10 s 左右将液体混合均匀，选择合适的搅拌器。

解：(1)确定混合的密度ρ和黏度μ

液体体积：

$$V_1=\frac{W_1}{\rho_1}=0.69565\ (\mathrm{m}^3)$$

$$V_2=\frac{W_2}{\rho_2}=0.1\ (\mathrm{m}^3)$$

混合液体积：

$$V=V_1+V_2=0.79565\ (\mathrm{m}^3)$$

液体体积比：

$$X_1=\frac{V_1}{V}=0.8743$$

$$X_2=\frac{V_2}{V}=1-X_1=0.1257$$

混合液的密度ρ：

$$\rho=X_1\rho_1+X_2\rho_2=1131.1\ (\mathrm{kg/m^3})$$

根据式(1-10)，混合液的黏度μ：

$$\begin{aligned}\mu&=\exp(X_1\ln\mu_1+X_2\ln\mu_2)\\&=\exp(0.8743\ln 20+0.1257\ln 10)\\&=18.33\times10^{-3}(\mathrm{Pa\cdot s})\end{aligned}$$

(2)确定搅拌槽的大小和搅拌器的形状

因混合液黏度不大，故选用螺旋桨搅拌器。设搅拌槽的高径比$H/D=1$，搅拌作业时，为防止溢槽，必须流出一定的空间，因此，其有效容积V_e按槽体高度的0.85倍计算，有：

$$V_e=0.85\times\frac{\pi}{4}D^2H=0.85\times\frac{\pi}{4}D^3\geqslant V$$

故

$$D\geqslant\sqrt[3]{\frac{4\times V}{0.85\times\pi}}=\sqrt[3]{\frac{4\times0.79565}{0.85\times\pi}}\geqslant1.06\ (\mathrm{m})$$

取$D=1100$ mm。故选用$\phi1100$ mm×1100 mm搅拌槽。

若搅拌器直径T与槽体内径D之比为0.33，则搅拌器直径$T=363$，取$T=360$ mm。

(3)确定搅拌器的转速n与混合时间t_m

因此，

$$\begin{aligned}\frac{1}{nt_m}&=0.92\left[0.85\left(\frac{360}{1100}\right)^3+0.2\left(\frac{360}{1100}\right)\left(\frac{0.32}{0.45}\right)^{0.5}\right]^{1-\exp\left[-13\left(\frac{360}{1100}\right)^2\right]}\\&=0.0147\end{aligned}$$

即$nt_m=67.9$，因为要求10 s左右达到混合均匀，则$t_m=10$，因而搅拌转速n为：

$$n=\frac{67.9}{t_m}\approx6.8\ \mathrm{s^{-1}}=408\ (\mathrm{r/min})$$

取$n=400$ (r/min)。

则达到均匀混合所需时间$t_m=67.9/n=67.9/(400/60)\approx10.2(\mathrm{s})$，满足要求。

(4)确定搅拌器的功率(关于搅拌器的功率，详见后面章节的讨论)

雷诺常数

$$Re=\frac{T^2 n\rho}{\mu}=\frac{0.36^2\times\frac{400}{60}\times 1131.1}{18.33\times 10^{-3}}=5.33\times 10^4$$

弗劳德常数

$$Fr=\frac{n^2 T}{g}=\frac{\left(\frac{400}{60}\right)^2\times 0.36}{9.81}=1.63$$

因 $Re=5.33\times 10^4$，由功率曲线查得 $\phi=2$，故搅拌器功率 N 为：

$$\begin{aligned}N&=\phi\rho n^3 T^5 Fr^{(\alpha-\lg Re)/\beta}\\&=2\times 1131.1\times\left(\frac{400}{60}\right)^3\times 0.36^5\times 1.63^{[1.7-\lg(5.33\times 10^4)]\div 18}\\&=3728.7\ (\mathrm{N\cdot m/s})\\&\approx 3.73\ (\mathrm{kW})\end{aligned}$$

式中：α、β 是与搅拌轮几何参数有关的常数，简称搅拌功率影响常数，几种常用搅拌轮的功率影响常数见表2-3。

表2-3 几种常用搅拌轮的功率影响常数

搅拌器型式	圆盘搅拌器	螺旋桨搅拌器 $T/D=0.3$	螺旋桨搅拌器 $T/D=0.35$	下掠式搅拌器 $T/D=0.15\sim 0.25$
α	1.0	1.7	2.3	2.0
β	40.0	18.0	18.0	18.0

考虑传动效率和电动机的使用规范(运行功率不大于电机额定功率的85%)等因素，搅拌设备实际的装机功率 N_d 为：$N_d=\frac{N}{0.85f}$。f 为传动效率，对皮带传动而言，其传动效率可按0.95计算，故所需配备电机的装机功率 $N_d=1.25N=4.66$ kW，选用5.5 kW标准系列电机。

2.1.3 固-液相系的悬浮搅拌

在金属和非金属选矿、湿法冶金、稀贵金属浸出萃取中，固-液相系的搅拌有广泛的应用。相较气-液、液-液相系的搅拌而言，固-液相系的搅拌要复杂得多。固-液相系搅拌的主要目的是使固体颗粒悬浮于溶液中或是加速固相颗粒的溶解分散速度。

1. 固体颗粒的受力分析及其最大沉降速度的确定

(1)固体颗粒受力分析

流体中的固体颗粒，主要受到如下的作用力：流体相对颗粒作层流运动时的黏滞阻尼力，流体紊流运动时由紊流旋涡及惯性力产生的压差阻力，固体颗粒本身的重力。黏滞阻尼力、压差阻力的大小一方面与固体颗粒的形状、大小、密度有关，另一方面也与流体的黏性、密度及流态有关。流体的流态可通过雷诺准数的大小来进行判断。假设固体颗粒为球体，其

当量直径为 d，则其雷诺准数为：

$$Re = \frac{dv\rho}{\mu} \tag{2-24}$$

式中：ρ 和 μ 分别是流体的密度和黏度；v 为颗粒与流体的相对速度。

当雷诺准数 Re 小于 1 时，流体以层流运动为主，黏滞阻尼力起主要作用，压差阻力可忽略不计；当雷诺准数 Re 大于 1000 时，流体处于紊流状态，压差阻力起主要作用，黏滞阻尼力可忽略不计；当雷诺准数 Re 大于 1 小于 1000 时，黏滞阻尼力、压差阻力均不可忽略，应综合考虑。黏滞阻尼力 F_d 要理论解析精确计算是不现实的，通常是在假设颗粒为球体、颗粒间彼此分离不相互作用、不考虑电磁等作用力的条件下，按如下的经验公式来确定。

$$F_d = C_d \frac{\pi d^2}{4} \rho \frac{v^2}{2} = \frac{\pi}{8} C_d \rho d^2 v^2 \tag{2-25}$$

式中：C_d 为球形颗粒阻力系数，它是雷诺准数 Re 的函数。由于无法用理论推导出其函数表达式，通常通过系列试验来得到其关系曲线，如图 2-4 所示。

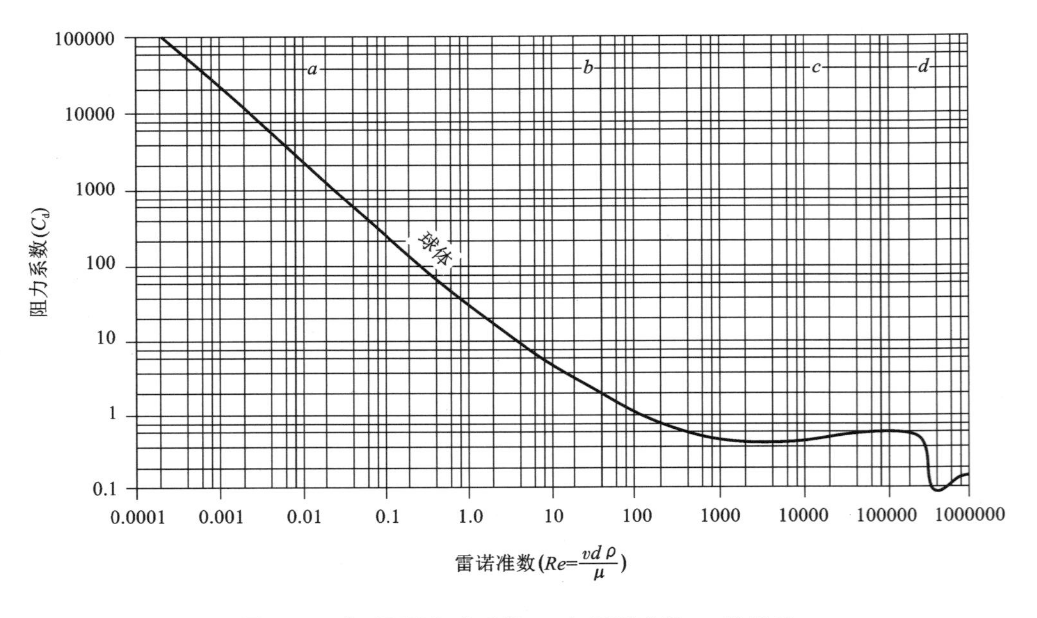

图 2-4　球形颗粒阻力系数 C_d 与雷诺准数 Re 的关系

从图中可以看出：

当雷诺准数 Re 小于 1 时，其对应的表达方程为：

$$C_d = \frac{24}{R_e} = \frac{24\mu}{dv\rho} \tag{2-26}$$

此时，流体以层流运动为主，黏滞阻尼力起主要作用，按斯托克斯（Stokes）定律有：

$$F_d = C_d \frac{\pi d^2}{4} \rho \frac{v^2}{2} = \frac{24\mu}{d\rho v} \frac{\pi d^2}{4} \rho \frac{v^2}{2} = 3\pi\mu dv \tag{2-27}$$

当雷诺准数 Re 大于 1 小于 1000 时，流体处于由层流向紊流过渡的流态，此时，球形颗粒阻力系数按阿连(Allen)公式有：

$$C_d = 30Re^{-0.625} \tag{2-28}$$

当雷诺准数 Re 大于 1000 时，流体处于紊流状态，球形颗粒阻力系数 C_d 为常数，等于 0.44。阻力大体遵从牛顿惯性定律，即

$$F_d = C_d \frac{\pi d^2}{4}\mu \frac{v^2}{2} = 0.44 \frac{\pi d^2}{4}\rho \frac{v^2}{2} \tag{2-29}$$

假设流体中球形颗粒的密度为 ρ_S，液体密度为 ρ，则颗粒受到的重力 G 和浮力 F 分别为：

$$G = \frac{\pi d^3 \rho_S g}{6} \tag{2-30}$$

浮力 F 为：

$$F = \frac{\pi d^3 \rho g}{6} \tag{2-31}$$

我们把重力与浮力之差 $G-F$ 叫作相对重力 G_e，则有：

$$G_e = G - F = \frac{\pi d^3 g}{6}(\rho_S - \rho) \tag{2-32}$$

(2)最大沉降速度的确定

流体中的颗粒，在重力 G、黏滞阻尼力 F_d 和浮力 F 的作用下，将发生沉降运动。其中，重力的作用将加速颗粒的沉降，而浮力及黏滞阻尼力的方向与重力方向相反，将对颗粒的沉降产生阻碍作用。沉降速度的大小，不但与固体颗粒本身的尺度、密度、几何形状相关，而且与液体浓度、液体黏度、液体密度相关。固体颗粒尺度越大，相对密度(固体颗粒的密度与液体密度之差)越大，则其沉降速度越快；液体浓度、液体黏度越大，则其沉降速度越慢。比如我们将一把沙子撒在清水里，则沙子会很快沉到水底，而当我们将一把沙子撒在稀粥里时，除大颗粒的沙子有可能会沉到底部外，大部分的沙子会悬浮在稀粥中。我们把这种现象称为“稀粥效应”。当黏滞阻尼力 F_d 与相对重力 G_e 平衡时，颗粒的沉降速度达到最大。由式(2-25)、(2-32)：

$$\frac{\pi}{8}C_d \rho d^2 v_{max}^2 = \frac{\pi d^3 g}{6}(\rho_S - \rho) \tag{2-33}$$

可得：

$$v_{max} = \sqrt{\frac{4dg(\rho_S - \rho)}{3C_d \rho}} \tag{2-34}$$

当雷诺准数 Re 小于 1，即流体处于层流时，根据式(2-26) $C_d = \frac{24}{Re} = \frac{24\mu}{dv\rho}$；则：

$$v_{max} = \frac{gd^2(\rho_S - \rho)}{18\mu} \tag{2-35}$$

当雷诺准数 Re 大于 1 小于 1000，即流体处于过渡区时，Allen 公式(2-28)，则：

$$v_{max} = 0.2[g(\rho_S - \rho)]^{0.72} d^{1.18} \mu^{-0.45} \rho^{-1.17} \tag{2-36}$$

当雷诺准数 Re 大于 1000，即流体处于紊流状态时，

$$v_{\max}=\sqrt{\frac{4dg(\rho_S-\rho)}{3C_d\rho}}=\sqrt{\frac{4dg(\rho_S-\rho)}{3\times 0.44\rho}}=1.74d^{0.5}\left[g\frac{(\rho_S-\rho)}{\rho}\right]^{0.5} \tag{2-37}$$

上面的讨论，并没有考虑颗粒形状及浆体浓度对沉降速度的影响。对任意颗粒形状，斯旺森(Swanson)在1967年提出了如下的计算公式：

$$v_{\max}=\frac{V_N}{\alpha}\left(\frac{1}{1+\frac{48^{0.5}\beta\mu}{\rho d_v V_N}}\right) \tag{2-38}$$

式中，V_N 为：

$$V_N=\sqrt{\frac{4\rho d_v(\rho_S-\rho)}{3\rho}} \tag{2-39}$$

式中：d_v 为颗粒平均直径；ρ_S 为固体颗粒的密度(kg/m^3)；ρ 为液体的密度(kg/m^3)；α、β 为由实际沉降速度确定的边界层系数。

2. 固–液相系搅拌悬浮机理及悬浮临界转速 n_c

(1)固–液相系搅拌悬浮机理

完全均匀悬浮机理：固–液相系的悬浮搅拌，大都在湍流状态下进行。固体颗粒表面首先在水分子的作用下发生湿润，即液体水取代固相颗粒表面层的气体，并进入到固体颗粒之间的间隙，接着固体颗粒团聚体被流体作用力所打散。固体颗粒的这种分散过程，与搅拌强度直接相关。搅拌强度较小时，颗粒会全部或部分沉于槽底，这会大大降低固–液两相的接触界面，随着搅拌强度的加大，湍流涡旋的扰动使底部沉积的固体颗粒悬浮起来。因此，使搅拌器产生轴向和径向混合流场，并在搅拌容器底部中央设置导流整流装置，对固体颗粒的搅拌悬浮是有利的。假定有与颗粒尺寸数量相同的小涡旋作用于固体颗粒上，并将能量传递给这些固体颗粒，当涡旋的作用力克服了固体颗粒所受重力和浮力间的作用差时，颗粒将被举起，此时颗粒即处于离底悬浮状态，如图2–5中(c)和(d)所示。当搅拌器和内部挡板及底部

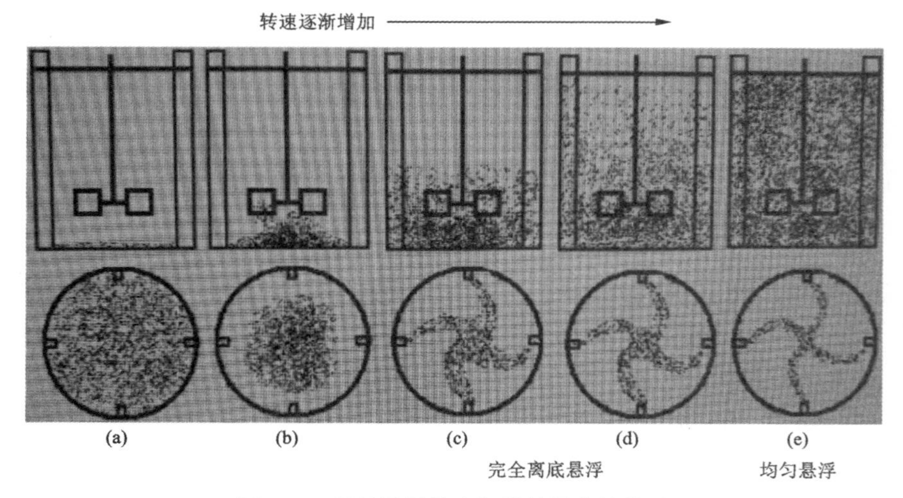

图2–5 颗粒悬浮状态与搅拌强度的关系

导流整流装置所形成的湍流涡旋循环流动的流速达到一定值时，使粒子沉降速度和流体上升速度相等，就形成固-液均匀悬浮状态。均匀悬浮状态既需要搅拌器提供较高的循环流动，又需要容器内的流体有较强的湍流涡旋，使底部有足够数量的湍流涡旋进入到颗粒沉降区，将沉积的颗粒完全悬浮起来，如图 2-5 中(e)所示。

当搅拌器转速由小逐渐增大到某一临界值时，容器内的固体颗粒全部离开槽底悬浮起来，这一临界值称为悬浮临界转速 n_c。因此，在固-液相系的搅拌中，设计的搅拌转速必须大于该临界转速。只有这样，固-液两相才有充分的接触界面，保证固相颗粒的完全悬浮。但必须指出的是，在达到均匀悬浮状态后，过高的搅拌转速并不能使容器内固相的整体均匀性提高，反而徒增功率消耗，对过程并不十分有利。

(2)悬浮临界转速 n_c

悬浮临界转速就是使搅拌容器内固体颗粒全部处于悬浮状态时搅拌器所需的最小转速。悬浮临界转速与固体颗粒本身的尺度、几何形状及相对密度、液体浓度、液体黏度等有关，而且与搅拌容器、搅拌器的结构形状及几何尺寸有关。国内外许多学者对悬浮临界转速进行过相关研究，发现进行精确的理论计算是十分困难的。基于此，提出了各种计算悬浮临界转速的经验公式。Subbaras 和 Tanaja 提出的公式见式(2-36)，Zwietering 提出的公式见式(2-37)。

$$n_c = \left\{ \frac{\pi(D^2 - T^2)}{2.2T^3\left[1 + \dfrac{0.16(D^2 + T^2)}{T^2}\right]} \right\}^{\frac{g}{9}(\rho_S - \rho) d_S^{n_1} T^{n_2} f(C)} \tag{2-40}$$

其中：$f(C) = 0.35(1 - C)^{\frac{1}{3}}$

$$n_c = 60\frac{g^{0.45}\mu^{0.1}(\rho_S - \rho)^{0.1} d_S^{0.2}(100\varepsilon)^{0.13}}{T^{0.85}\rho^{0.55}}\left(\frac{D}{T}\right)^a b \tag{2-41}$$

式中：n_c 为临界搅拌转速(r/min)；D 为槽体直径(m)；T 为搅拌器直径(m)；d_S 为固体颗粒粒径(m)；ρ_S为固体颗粒的密度(kg/m^3)；ρ 为液体的密度(kg/m^3)；C 为质量浓度；g 为重力加速度(m/s^2)；μ 为液体的黏度(Pa·s)；$n_1 = 0.7 \sim 1.0$；$n_2 = 1.0 \sim 1.2$；a、b 为与搅拌器几何形状和安装高度有关的系数。

在式(2-41)中，因牵涉到搅拌器的几何形状和安装高度等结构参数，并不常用，通常以式(2-40)来计算悬浮临界转速。

3. 固-液互溶相系固相颗粒的溶解分散

(1)固相颗粒溶解分散机理

固-液互溶相系的搅拌，主要目的是加速固相颗粒的溶解分散速度，在较短的时间内获得饱和溶液。它既是固相悬浮问题，又是传质问题。固相颗粒在液相中的溶解过程，是液相中的固相颗粒分子由高浓度区向低浓度区扩散的过程。颗粒的扩散系数越大，则其溶解分散速度越快。但液相分子间的相互作用，会对这种扩散产生阻碍作用。如不加搅拌，固相颗粒完全沉在槽底，溶解分散在相对静止的状态下进行，固相颗粒的溶解分散是比较缓慢的。一方面，搅拌会加速固相颗粒在液体中的运动，促使高低浓度区进行对流互换；另一方面，搅拌产生的湍流，会减小液相分子间的相互作用，加速固相颗粒分子的溶解分散。因此，对于固-液相系的搅拌分散，搅拌速度应大于固相颗粒的悬浮临界转速，使固相颗粒处于悬浮状态，以加速溶解分散。当搅拌转速低于临界搅拌转速时，加大搅拌转速，可显著提高溶解速度，搅拌速度越大，达到饱和浓度所需的时间越短；当搅拌转速高于临界搅拌转速时，搅拌转速的加大，对溶解速度的影响就不显著了。因此，搅拌速度的大小，应以达到产生的湍流能使固体颗粒悬浮运动为宜，而不是越大越好。固相颗粒的溶解速度越快，达到饱和浓度所需的时间越短。搅拌速度与达到饱和浓度所需的时间关系如图 2-6 所示。

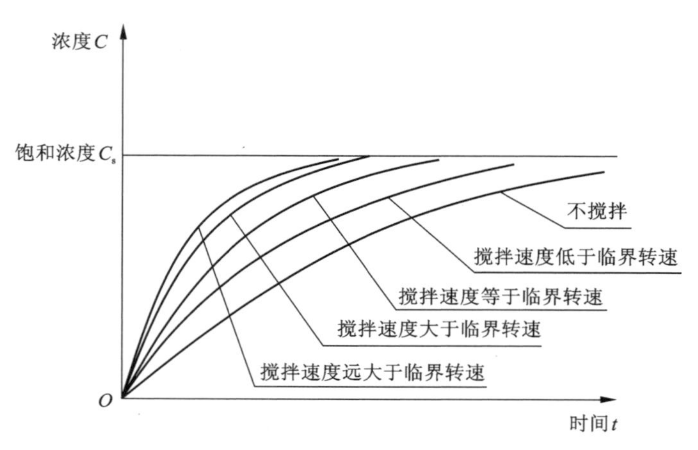

图 2-6 搅拌速度与溶解时间的关系

(2)固相颗粒溶解分散特征参数

①固相颗粒的可溶性。

固相颗粒的溶解分散与颗粒的大小有关，颗粒越大，其可溶性越差。因此，某一浓度时，对大颗粒来说可能已是饱和溶液，而对小颗粒则还不是饱和溶液，这主要是因为，颗粒越小，其比表面积、表面能越大，表面活性越高，所以，小颗粒将继续溶解。对球形颗粒，其溶解性可用如下公式来表示：

$$\ln\frac{C_s}{C_l}=\frac{2\sigma M}{\rho RT}\left(\frac{1}{r_s}-\frac{1}{r_l}\right) \tag{2-42}$$

式中：C_s、C_l 分别为大、小颗粒的溶解度；σ 为液体的表面张力(N/m)；ρ 为液体的密度(kg/m^3)；M 为液体的物质的量；R 为气体常数；T 为绝对温度；r_l、r_s 分别为大、小颗粒的半径(m)。

当固体颗粒足够大时，则 $\frac{1}{r_l}\rightarrow 0$，式(2-42)变为：

$$\ln\frac{C_s}{C_l}=\frac{2\sigma M}{\rho RTr_s} \tag{2-43}$$

②固-液溶解混合液的性质。

固-液溶解混合液的密度：

$$\rho=x\rho_s+(1-x)\rho_l \tag{2-44}$$

固-液溶解混合液的黏度：

$$\mu=\mu_1\frac{1+0.5x}{(1-x)^2} \tag{2-45}$$

式中：ρ_s 分别是固体颗粒的密度；ρ_1、μ_1 分别是主液体的密度和黏度；x 为固液体积比。

③传质系数 k。

固体的溶解过程大都是由液相传质控制的，传质系数可如下确定：

$$k=\frac{S_h D}{D_f} \tag{2-46}$$

式中：D 为容器的内径(m)；D_f 为固体颗粒在液体中的扩散系数(m/s)；S_h 为液体的流态系数，它与搅拌器的型式和液体的雷诺准数 Re 有关。

对四个斜叶片涡轮搅拌器：

当无挡板，雷诺准数 $Re<6.7\times10^4$ 时，有：

$$S_h=2.7\times10^5 Re^{1.4}S_c^{0.5} \tag{2-47}$$

当雷诺准数 $Re\geqslant6.7\times10^4$ 时，有：

$$S_h=0.16Re^{0.62}S_c^{0.5} \tag{2-48}$$

全挡板且当雷诺准数 $Re=2.0\times10^5\sim7.3\times10^6$ 时，有：

$$S_h=0.0032Re^{0.87}S_c^{0.5} \tag{2-49}$$

对螺旋桨推进式搅拌器：

当无挡板时，当雷诺准数 $Re<3.8\times10^4$ 时，有：

$$S_h=0.16Re^{0.62}S_c^{0.5} \tag{2-50}$$

当雷诺准数 $Re\geqslant3.8\times10^4$ 时，有：

$$S_h=3.5\times10^{-4}Re^{1.0}S_c^{0.5} \tag{2-51}$$

全挡板且当雷诺准数 $Re=5.5\times10^5\sim3\times10^8$ 时，

$$S_h=0.13Re^{0.58}S_c^{0.5} \tag{2-52}$$

式中：S_c 是与混合液密度 ρ、黏度 μ、固体颗粒在溶液中的扩散系数 D_f 有关的常数，按下式确定：

$$S_c=\frac{\mu_1}{\rho_1 D_f} \tag{2-53}$$

④固体颗粒的溶解速率。

Hixson 和 Croweu 等人研究发现，固体颗粒在溶液中的溶解，不但与溶液的饱和浓度、固体颗粒在溶液中的扩散系数有关，而且与固体颗粒的大小和形状有关。颗粒大小和形状对溶解的影响，通常以固体颗粒的球形因子来描述。

某溶液，要使其达到饱和浓度，需在其中加入 W_s 的固体颗粒，若在其中加入 W_0 的固体颗粒，则溶解该固体颗粒 W 所需的时间 t_m 可如下确定：

$$t_m=\frac{V}{ka_w m^{\frac{2}{3}}}\left\{\sqrt{3}\lg\left[\frac{2\sqrt{3}m^{\frac{1}{3}}(W_0^{\frac{1}{3}}-W^{\frac{1}{3}})}{2m^{\frac{2}{3}}+2(W_0^{\frac{1}{3}}-m^{\frac{1}{3}})(2W^{\frac{1}{3}}+m^{\frac{1}{3}})}\right]^{-3}+\frac{1}{2}\ln\left[\frac{(m^{\frac{1}{3}}+W_0^{\frac{1}{3}})^2(m^{\frac{2}{3}}+m^{\frac{1}{3}}W^{\frac{1}{3}}+W^{\frac{2}{3}})}{(m^{\frac{1}{3}}+W^{\frac{1}{3}})^2(m^{\frac{2}{3}}+m^{\frac{1}{3}}W_0^{\frac{1}{3}}+W_0^{\frac{2}{3}})}\right]\right\} \tag{2-54}$$

式中：k 为传质系数(m/s)；V 为溶液的总体积(m^3)；m 为质量差(kg)，它等于溶液饱和时固体质量减去加入的固体质量，即 $m=W_s-W_0$；a_w 为固体颗粒的球形因子，与颗粒表面积 A_p 和颗粒质量 W_p 有关，可如下计算：

$$a_w=\frac{A_p}{W_p^{\frac{2}{3}}} \tag{2-55}$$

其中：

$$A_p=\pi d^2,\ W_p=\frac{\pi}{6}d^3\rho_s \tag{2-56}$$

式中：d 为颗粒直径(m)；ρ_s 为颗粒密度(kg/m^3)。

4. 固-液相系搅拌悬浮搅拌器的确定

固-液相系的搅拌悬浮，需要搅拌器能产生较大的循环体积流量和强烈的湍流运动，因此大多采用螺旋桨搅拌器或圆盘涡流搅拌器，搅拌器的桨叶数目一般为 3~6 片。下掠式异形搅拌器是长沙矿冶研究院开发研制的一种具有自主知识产权的新型搅拌器，获国家发明三等奖。该搅拌器通过导流整流装置的作用，使槽内矿浆按“W”形流迹上下激烈循环，同时在槽体与导流整流装置之间，形成与搅拌轮转动方向相反的矿浆流，体积循环流量大，特别适合固液相系的悬浮搅拌。螺旋桨搅拌器或圆盘涡流搅拌器结构型式见图 2-3。下掠式异形搅拌器见图 2-7，为六个斜叶片涡轮搅拌器的一种异形结构，其直径 $T=(0.15\sim0.25)D$(槽体内径)，其余结构尺寸间的关系为：

$$T=2(SR2+L)\sin 60°=1.732(SR2+L) \tag{2-57}$$

$$H=(SR2+L)\cos 60°+0.5B\cos 45°=0.5(SR2+L)+0.3536B \tag{2-58}$$

式中：$SR2$、L、B、H 的具体含义见图 2-7，分别表示叶片根部的园弧半径、叶片的长度、叶片大端宽度、搅拌器总体高度。

固-液悬浮搅拌器的选型按下述原则和步骤进行：①确定混合液的物理性质；②确定搅拌槽的大小和搅拌器的结构；③确定搅拌器的转速(要求大于临界悬浮速度 n_c)；④确定搅拌器的功率。

固-液互溶相系搅拌器的选型按下述原则和步骤进行：①确定混合液的物理性质；②确定搅拌槽的大小和搅拌器的型式；③确定搅拌器的转速；④计算特征参数；⑤确定搅拌器的功率。

例 3：有固-液互溶搅拌系统，固体颗粒为直径 1.25 mm 的球体，密度为 1500 kg/m^3，其在主液体中的扩散系数 D_f 为 0.01 m/s，槽体中主液体的密度为 1000 kg/m^3，黏度为 20×10^{-3} Pa·s，质量为 500 kg。使固体溶解达到饱和，则需加入的固体颗粒质量为 300 kg。现加入固体量为 100 kg，确定溶解一半固体所需的时间。

解：(1)确定混合液的性质

固体体积 $V_S=100/1500=0.0667\ m^3$，主液体体积 $V_L=500/1000=0.5\ m^3$，总体积 $V=V_S+V_L=0.567\ m^3$。

固体颗粒与混合液的体积比为 $x=0.067/0.567=0.118$，

根据式(2-45)，混合液黏度为：

$$\mu=\mu_L\frac{1+0.5x}{(1-x)^2}=20\times10^{-3}\frac{1+0.5\times0.118}{(1-0.118)^2}=27.2\times10^{-3}\ (Pa\cdot s)$$

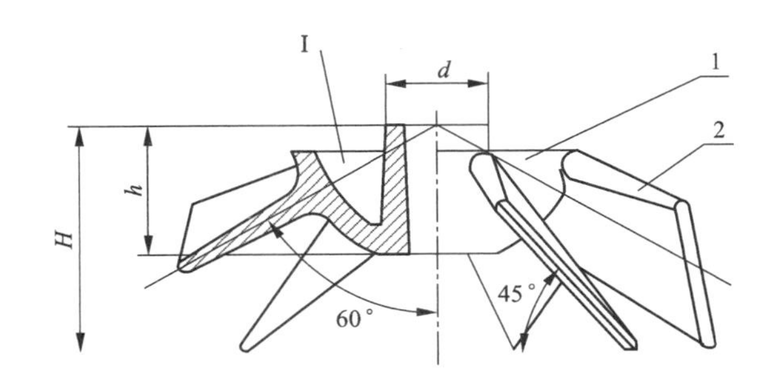

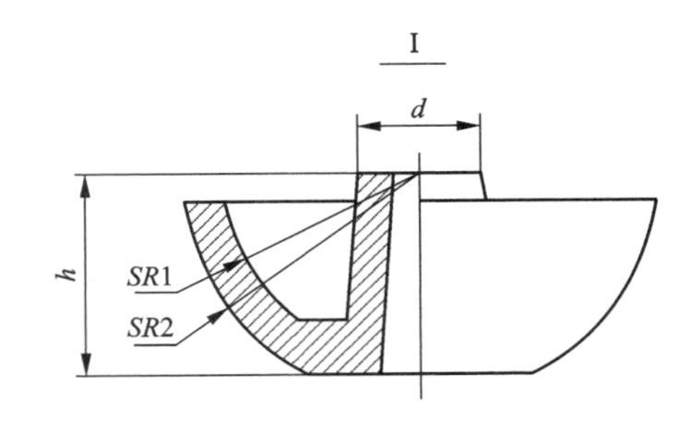

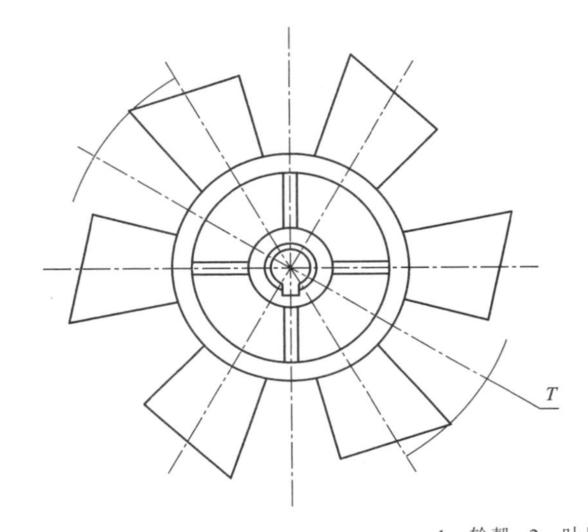

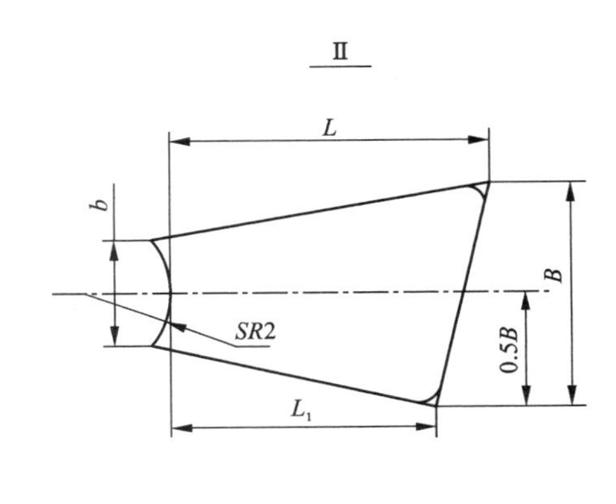

1—轮毂；2—叶片。

图 2-7　下掠式异形搅拌器

根据式(2-44)，混合液密度为：

$$\rho = x\rho_S + (1 - x)\rho_L = 0.118 \times 1500 + (1 - 0.118)1000 = 1059\ (\mathrm{kg/m^3})$$

(2)确定搅拌槽的大小和搅拌器的型式

固-液互溶相系搅拌选用螺旋桨推进式涡轮搅拌器，设槽体直径 D 与槽体高度 H 相等，有效容积按槽体高度的85%计算，则有：

$V = \frac{\pi}{4}D^2 \times 0.85H = \frac{0.85\pi}{4}D^3 = 0.567$，可得 $D=0.947$，取 $D=0.95$ m，

设搅拌轮 T 直径为槽体直径 D 的 0.25 倍，则 $T=0.2375$，取 $T=0.25$ m。

(3)确定搅拌器的转速

质量浓度 $C=300/(300+500)=0.375$，则 $f(C)=0.35(1-C)^{\frac{1}{3}}=0.3$。

临界悬浮速度为：

$$n_c = \left\{ \frac{\pi(D^2 - T^2)}{2.2T^3\left[1 + \frac{0.16(D^2 + T^2)}{T^2}\right]} \right\}^{\frac{g}{9}(\rho_S - \rho) d_S^{n_1} T^{n_2} f(C)}$$

$$=\frac{\pi\times(0.95^2-0.25^2)}{2.2\times0.25^3\left(1+\frac{0.16\times(0.95^2+0.25^2)}{0.25^2}\right)}^{\frac{9.81}{9}\times(1500-1059)\times(1.25\times10^{-3})^{0.7}\times0.25^{1.0}\times0.3}$$

$$=2.69\ (\mathrm{s}^{-1})$$

$$=161.4\ (\mathrm{r/min})$$

则搅拌转速 $n=161.4\times1.25=201.75$，取 $n=200$ r/min。

(4)计算特征参数

雷诺准数 $$Re=\frac{T^2n\rho}{\mu}=\frac{0.25^2\times200\div60\times1059}{27.2\times10^{-3}}=8.11\times10^3$$

$$S_c=\frac{\mu}{\rho D_f}=\frac{27.2\times10^{-3}}{1056\times0.01}=2.57\times10^{-3}$$

根据公式(2-50)，有：

$$S_h=0.16Re^{0.62}S_c^{0.5}=0.16\times(8.11\times10^3)^{0.62}\times(2.27\times10^{-3})^{0.5}=6.973$$

从而据式(2-46)可得传质系数：

$$k=\frac{S_hD_f}{D}=\frac{6.973\times0.01}{0.95}=0.073\ (\mathrm{m/s})$$

(5)计算固体溶解一半所需的时间

固体颗粒的球形因子：

$$a_w=\frac{A_p}{W_p^{\frac{2}{3}}}=\frac{\pi\times(1.25\times10^{-3})^2}{\left[\frac{\pi(1.25\times10^{-3})^3}{6}\times1500\right]^{\frac{2}{3}}}=0.037$$

因 $m=300-100=200$，

$$m^{\frac{1}{3}}=200^{\frac{1}{3}}=5.85,\ m^{\frac{2}{3}}=200^{\frac{2}{3}}=34.2,\ W_0^{\frac{1}{3}}=100^{\frac{1}{3}}=4.64,$$

$W_0^{\frac{2}{3}}=100^{\frac{2}{3}}=21.54$，$W^{\frac{1}{3}}=50^{\frac{1}{3}}=3.68$，$W^{\frac{2}{3}}=13.57$，将其代入式(2-54)可求得固体的溶解时间：

$$t_m=\frac{V}{ka_wm^{\frac{2}{3}}}\left\{\sqrt{3}\lg\left[\frac{2\sqrt{3}m^{\frac{1}{3}}(W_0^{\frac{1}{3}}-W^{\frac{1}{3}})}{2m^{\frac{2}{3}}+2(W_0^{\frac{1}{3}}-m^{\frac{1}{3}})(2W^{\frac{1}{3}}+m^{\frac{1}{3}})}\right]^{-3}+\frac{1}{2}\ln\left[\frac{(m^{\frac{1}{3}}+W_0^{\frac{1}{3}})^2(m^{\frac{2}{3}}+m^{\frac{1}{3}}W^{\frac{1}{3}}+W^{\frac{2}{3}})}{(m^{\frac{1}{3}}+W^{\frac{1}{3}})^2(m^{\frac{2}{3}}+m^{\frac{1}{3}}W_0^{\frac{1}{3}}+W_0^{\frac{2}{3}})}\right]\right\}$$

$$=13.02(\mathrm{s})$$

例 4： 有固-液互溶两相搅拌系统，其中液体的质量 $W_1=1500$ kg，密度为 $\rho_1=1000$ kg/m^3，黏度 $\mu_1=20\times10^{-3}$ Pa·s，在其中加入粒度为 0.074 mm 的固体颗粒(质量分数为 75%)，质量 $W_2=500$ kg，该颗粒密度为 $\rho_2=3000$ kg/m^3，要求固体颗粒均匀悬浮在液体中，选择合适的搅拌器。

解： (1)确定混合液的物理性质

液体体积 $V_1=1500/1000=1.5\ (\mathrm{m}^3)$

固体体积 $V_2=500/3000=0.17\ (\mathrm{m}^3)$

总体积 $V=V_1+V_2=1.67\ (\mathrm{m}^3)$

质量浓度 $C=500/(1500+500)=0.25$

混合液密度 $\rho=(W_1+W_2)/V=(1500+500)/1.67=1197.6\ (\mathrm{kg/m^3})$

混合液黏度根据式(2-45)：

$$\mu=\mu_1\frac{1+0.5x}{(1-x)^2}=20\times10^{-3}\frac{1+0.5\times0.1}{(1-0.1)^2}=25.9\times10^{-3}(\mathrm{Pa\cdot s})$$

其中：$x=\dfrac{V_2}{V}=\dfrac{0.17}{1.67}=0.1$

(2)确定搅拌槽的大小及搅拌器的型式

因混合液的黏度不是很大，选用螺旋桨搅拌器，设搅拌槽的高径比 $H/D=1$，其有效容积为：

$$V_e=0.85\times\frac{\pi}{4}D^2H=0.85\times\frac{\pi}{4}D^3\geqslant V$$

故

$$D\geqslant\sqrt[3]{\frac{4\times V}{0.85\times\pi}}=\sqrt[3]{\frac{4\times1.67}{0.85\times\pi}}\geqslant1.357\ (\mathrm{m})$$

取 $D=1500$ mm，选用 $\phi1500$ mm×1500 mm 搅拌槽。

设搅拌器直径 T 是槽体直径 D 的三分之一，则搅拌器的直径 $T=500$ mm。

(3)确定搅拌器的转速 n

临界悬浮速度 n_c 按式(2-36)计算，有：

$$n_c=\left\{\frac{\pi(D^2-T^2)}{2.2T^3\left[1+\dfrac{0.16(D^2+T^2)}{T^2}\right]}\right\}^{\frac{g}{9}(\rho_S-\rho)d_S^{n_1}T^{n_2}f(C)}$$

其中：$f(C)=0.35(1-C)^{\frac{1}{3}}=0.35(1-0.25)^{\frac{1}{3}}=0.32$

$n_1=0.7\sim1$，$n_2=1\sim1.2$，因是固-液互溶相系，取 $n_1=0.7$，$n_2=1$，

$$n_c=\left\{\frac{\pi(1.5^2-0.5^2)}{2.2\times0.5^3\left[1+\dfrac{0.16\times(1.5^2+0.5^2)}{0.5^2}\right]}\right\}^{\frac{9.81}{9}\times(3000-1197.6)\times(0.074\times10^{-3})^{0.7}\times0.5^1\times0.32}$$

$$=10^{0.39}=2.45\ \mathrm{s^{-1}}=147\ (\mathrm{r/min})$$

因有部分固体颗粒粒径大于 0.074 mm，取搅拌转速 $n=1.15\times147=169$ r/min。

(4)确定搅拌器的功率

雷诺准数　$Re=\dfrac{T^2n\rho}{\mu}=\dfrac{0.5^2\times169\div60\times1197.6}{25.9\times10^{-3}}=3.26\times10^5>>300$

弗劳德数　$Fr=\dfrac{n^2T}{g}=\dfrac{\left(\dfrac{169}{60}\right)^2\times0.5}{9.81}=0.4$

由 Re 查功率曲线得 $\phi=2$，故：

$$N=\phi\rho n^3T^5Fr^{\frac{(\alpha-\lg Re)}{\beta}}$$
$$=2\times1197.6\times(169/60)^3\times0.5^5\times0.4^{[2-\lg(3.26\times10^5)]/18}$$
$$=1999.8\ (\mathrm{N\cdot m/s})$$
$$=2\ (\mathrm{kW})$$

此处 α, β 见表 2-3, $\alpha=2$, $\beta=18$。

考虑传动效率和电动机的使用规范(运行功率不大于电机额定功率的 85%)等因素，搅拌设备实际的装机功率 N_d 为：$N_d=\dfrac{N}{0.85f}$。f 为传动效率，对齿轮减速箱传动而言，其传动效率可用 0.98 来计算，故所需配备电机的装机功率 $N_d=1.2N=2.4$ kW，选用 3 kW 标准系列电机。

例 5：某铜镍选厂，年处理量为 300 万 t，物料密度为 3.1 t/m^3 左右，选矿质量分数 30%，固体颗粒的粒度为 74 μm(质量分数为 75%)，矿浆混合溶液平均黏度 $\mu_1=20\times10^{-3}$ Pa·s。工作制度为每年 320 d，每天 24 h，搅拌时间 6 min。要求固体颗粒均匀悬浮在矿浆中，选择合适的搅拌器。

解：(1)确定搅拌槽的规格大小

根据公式(1-8)，且水的密度为 1，可得矿浆密度为：

$$\rho=\frac{\rho_S}{\rho_S+C(1-\rho_S)}=\frac{3.1}{3.1+0.3\times(1-3.1)}=1.255\ (\mathrm{t/m^3})$$

小时处理量为 3000000/(320×24)= 390.6 t，对应的小时体积量为：

$$Q=\frac{\frac{w}{C}}{\rho}=\frac{\frac{390.6}{30\%}}{1.255}=1037.4\ (\mathrm{m^3})$$

按 15%的设备富余系数来确定搅拌槽的规格型号，设槽体直径为 D，长径比为 1，槽体有效容积按槽体高度的 85%计算，按小时处理体积有：

$$V=0.85\times\frac{60}{6}\times\frac{\pi}{4}D^3\geqslant1.15\times1037.4$$

可得槽体直径 $D\geqslant5.632$ m，取 $D=6$ m。

(2)确定搅拌轮的直径及结构型式

搅拌轮直径及搅拌轮结构型式与搅拌物料的性质及槽体大小相关，固-液两相浆体的搅拌，要求有较大的矿浆体积循环量，选用下掠式搅拌器。搅拌轮的直径 T 与槽体直径 D 的关系为 $T=(0.15\sim0.25)D$。

对 ϕ6 m×6 m 高效搅拌槽，其搅拌轮直径：$T=(0.15\sim0.25)D=900\sim1500$ mm。由于搅拌功率与搅拌轮直径的五次方、搅拌转速的三次方成正比(搅拌功率详见下节)，一般来说以选择较小的搅拌轮直径和较大的搅拌转速来达到搅拌目的，故取 $T=1200$ mm。

(3)确定搅拌转速

在“固-液”搅拌系统中，要求固体颗粒能全部悬浮，没有沉槽现象。因此搅拌速度必须大于临界转速(所谓临界转速即是指固体颗粒能全部悬浮起来时的搅拌速度)，其临界悬浮速度 n_c 可用下式计算：

$$n_c = \left\{\frac{\pi(D^2-T^2)}{2.2T^3\left[1+\frac{0.16(D^2+T^2)}{T^2}\right]}\right\}^{\frac{g}{9}(\rho_S-\rho)d_S^{0.8}T^{1.1}f(C)}$$

其中 $f(C)=0.35(1-C)^{1/3}=0.35\times(1-0.3)^{1/3}=0.31$

$$n_c = \left\{\frac{3.142\times(6^2-1.2^2)}{2.2\times 1.2^3\times\left[1+\frac{0.16\times(6^2+1.2^2)}{1.2^2}\right]}\right\}^{\frac{9.81}{9}\times(3100-1255)\times(0.074\times10^{-3})^{0.8}\times1.2^{1.0}\times0.31}$$

$$=5.54^{0.31}=1.7\ \mathrm{s^{-1}}=102\ (\mathrm{r/min})$$

考虑到可能有部分颗粒的粒径较大，因此设计的实际搅拌速度为 102.2×1.15＝117.3 r/min，取 125 r/min。

(4)确定搅拌功率

雷诺准数　$Re=\frac{T^2n\rho}{\mu_1}=\frac{1.2^2\times125\div60\times1255}{20\times10^{-3}}=1.88\times10^5>>300$

弗劳德准数　$Fr=\frac{n^2T}{g}=\frac{\left(\frac{125}{60}\right)^2\times1.2}{9.81}=0.53$

由 Re 查功率曲线得 $\phi=2$，故：

$$N=\phi\rho n^3T^5Fr^{\frac{(\alpha-\lg Re)}{\beta}}$$

$$=2\times1255\times(125/60)^3\times1.2^5\times0.53^{[2-\lg(1.88\times10^5)]/18}$$

$$=62478\ (\mathrm{N\cdot m/s})$$

$$=62.5\ (\mathrm{kW})$$

其中系数 α、β 由表 2-3 查得，$\alpha=2$，$\beta=18$。

考虑传动效率和电动机的使用规范(运行功率不大于电机额定功率的 85%)等因素，搅拌设备实际的装机功率 N_d 为：$N_d=\frac{N}{0.85f}$。f 为传动效率，齿轮减速箱传动的效率按 0.98 来计算，故所需配备电机的装机功率 $N_d=1.2N=75$ kW，选用 75 kW 标准系列电机。

2.1.4　气-固-液相系搅拌

1. 气-固-液相系搅拌简单描述

气-固-液三相搅拌在金属矿选矿、化工、冶金等行业有广泛应用，搅拌的主要目的一方面是使气体在溶液中充分弥散混合，另一方面是使固体颗粒物在溶液中均匀悬浮，达到加快反应速度的目的。如充气浮选、稀贵金属的充气搅拌浸出，就是典型的气-固-液三相搅拌过程。气体的充入，有利于固体颗粒的悬浮，因此，在气-固-液三相搅拌中，固体颗粒悬浮的临界转速相对固-液两相搅拌时的临界转速要低。有关搅拌参数的确定，通常是对其分别进行计算，再按起决定作用的因素来确定。

2. 充气浮选

(1)充气浮选的叶轮与定子

在选矿作业中，充气浮选是典型的气-固-液三相搅拌过程。对小型浮选机，一般采用自吸式给气，即利用叶轮转子旋转产生的负压吸入空气；大型浮选机则采用压入式给气。对机械搅拌充气式浮选机而言，以下两个方面的基本要求是必须满足的：①足够的充气量；②足够的搅拌强度。一方面，足够的气量才能尽可能多地把目的矿物颗粒吸附在气泡表面，形成含矿泡沫层，确保有较高的浮选回收率；另一方面，足够的搅拌强度才能实现气体在矿浆溶液中的充分弥散混合及目标矿物颗粒的完全均匀悬浮。相关计算可参考前面有关章节的内容，浮选机的整体结构这里不进行介绍，仅对浮选机的叶轮和定子作简单描述。

搅拌系统是机械搅拌式浮选机的关键部件。矿浆的充气量、气泡的大小、气体的弥散、矿物颗粒的悬浮程度及均匀性等，不但与搅拌的强烈程度有关，还与浮选叶轮的结构有关。自吸式给气和压入式给气机械搅拌浮选机的浮选叶轮的典型结构如图 2-8、图 2-9 所示。自吸式给气浮选叶轮一般为圆盘结构，圆盘上有 6 个辐射状叶片，叶轮上面有定子盖板。矿浆被旋转的叶轮甩出，在定子下面形成真空，从而把空气由进气管吸入浮选槽中。定子上有多个与径向呈一定倾角的导向叶片，导向叶片间开有矿浆循环孔，供矿浆循环及增大充气量用。图 2-9 所示的阿基泰尔型叶轮定子是压入式给气机械搅拌浮选机的一种典型结构。叶轮的旋转使矿浆和空气混合，混合流由旋转的叶轮切线方向甩出，经定子的作用转变为径向流，并均匀分布在浮选槽中。

(2)充气浮选搅拌转速的确定

充气式机械搅拌浮选机，槽内矿浆在搅拌轮的作用下，获得能量并随泡沫上升到槽面，搅拌叶轮的作用与水泵叶轮的作用类似。根据离心水泵的工作原理，通过搅拌轮的含气矿浆量为：

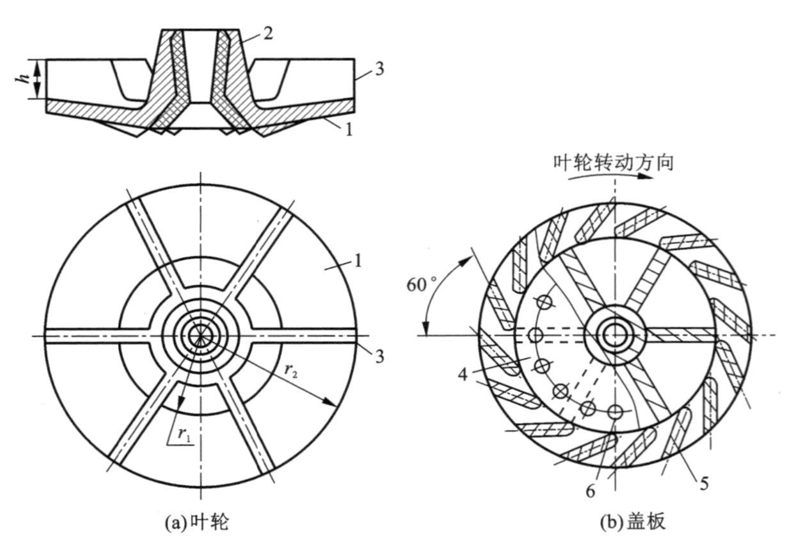

1—叶轮底盘；2—轮鼓；3—叶片；4—盖板；5—定子导向叶片；6—循环孔。

图 2-8 自吸式给气浮选机叶轮

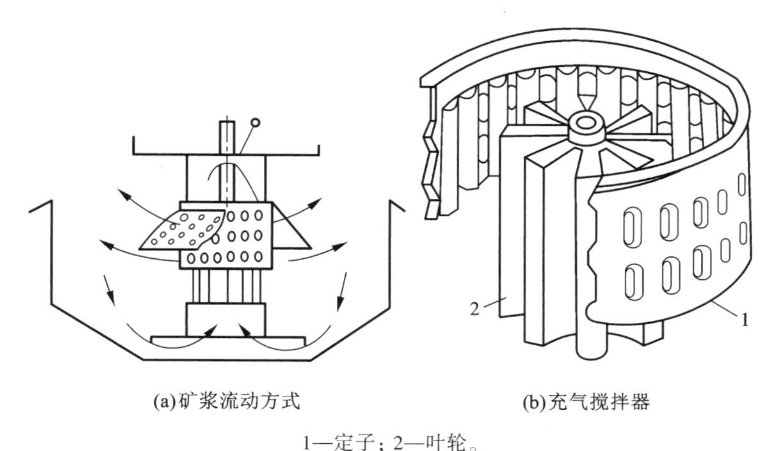

(a)矿浆流动方式　　(b)充气搅拌器

1—定子；2—叶轮。

图 2-9　压入式给气浮选机叶轮

$$Q = \alpha\pi Thv_r \tag{2-59}$$

式中：α 为矿浆流的压缩系数；T 为搅拌轮的直径(m)；h 为叶片的高度(m)；v_r 为叶轮出口处矿浆的径向速度(m/s)。

因为 $v=\dfrac{\pi Tn}{60}$，$v_r=kV$，所以$\dfrac{v_{r1}}{v_{r2}}=\dfrac{T_1n_1}{T_2n_2}$，结合式(2-59)可得：

$$\frac{Q_1}{Q_2}=\left(\frac{T_1}{T_2}\right)^2\times\frac{h_1}{h_2}\times\frac{n_1}{n_2} \tag{2-60}$$

因搅拌叶轮的体积流量与其直径 T 的二次方、叶片高度 h 及搅拌转速 n 成正比。浮选机工作时，矿浆泡沫要上升到槽面，浮选叶轮还必须给矿浆提供能量，即矿浆应具有一定的压头，该压头不小于叶轮至槽面的矿浆深度。压头 H_v 可按离心水泵的扬程来计算：

$$H_v=f\frac{v^2}{2g} \tag{2-61}$$

式中：f 为压头系数，f=0.2~0.3；g 为重力加速度(m/s²)；v 为叶轮出口处矿浆的圆周速度(m/s)。f=0.2，代入式(2-61)，$H_v=f\dfrac{\left(\dfrac{\pi Tn}{60}\right)^2}{2g}$，则得：

$$n=\frac{189}{T}\sqrt{H_v} \tag{2-62}$$

将由式(2-62)求得的转速 n 与由式(2-2)计算求得的气体弥散最低转速 n_{min} 及由式(2-40)求得的颗粒悬浮的临界转速 n_c 进行比较，取三者中最大的作为其搅拌转速。

3. 微纳米气泡浮选

(1)微纳米气泡浮选原理

在化工冶金、燃煤电厂、垃圾焚烧场及其他行业，生产过程会大量产生含有微细颗粒或氮氧化物、硫化氢、二氧化硫、氟化氢等酸性腐蚀性的有毒有害气体，这些气体如果不经处理直接排放，将会造成环境的严重污染。特别是随着国家生态文明建设及绿色可持续发展战略的实施，对“三废”的无害化处置和资源化利用提出了更加严格的要求。在有毒有害废气的处理上，传统的方法大都是采用布袋除尘或喷淋洗涤工艺，但净化效果并不理想。微纳米气泡浮选技术，利用气-固-液三相互溶搅拌原理，把这些有害气体加压输送至微纳米气泡浮选机内，在高速旋转的转子和微纳米气泡发生器作用下产生大量微纳米气泡，充分弥散混合在浮选槽内，微细颗粒黏附在气泡表面随气泡快速上升至槽体上部经溢流堰排出，不可浮的沉渣由槽体底部排出，净化后的气体由槽体顶部排出，从而实现对有害气体的分离净化。其工作原理如图 2-10 所示。

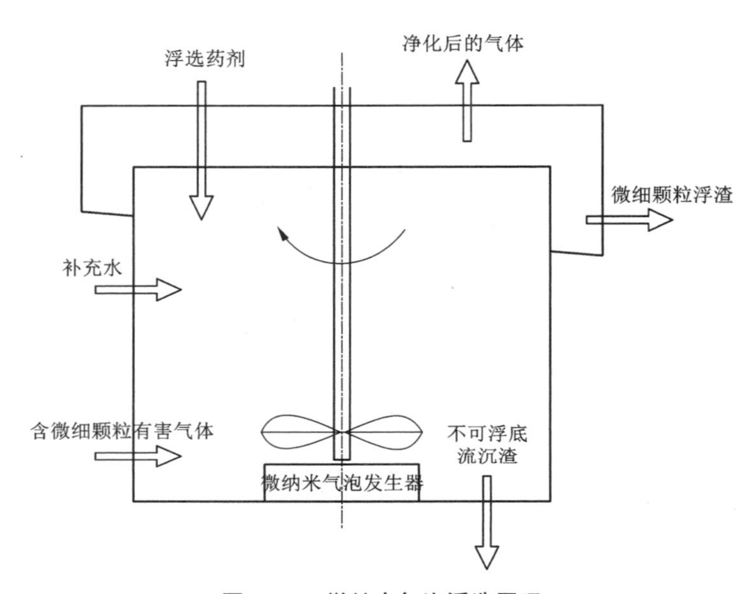

图 2-10　微纳米气泡浮选原理

(2) 微纳米气泡的特性

①高比表面积

根据斯托克斯定律和杨-拉普拉斯方程可知，气泡在液体中的上升速度及其受到的液体压力，与气泡的大小直接相关，气泡直径越大，则其在液体中的上升速度越快，受到的液体压力越小。普通气泡与微纳米气泡在液体中的上升行为如图 2-11 所示。同时微纳米气泡的高表面积，有利于微细颗粒在气泡表面的黏附，提高浮选效率。

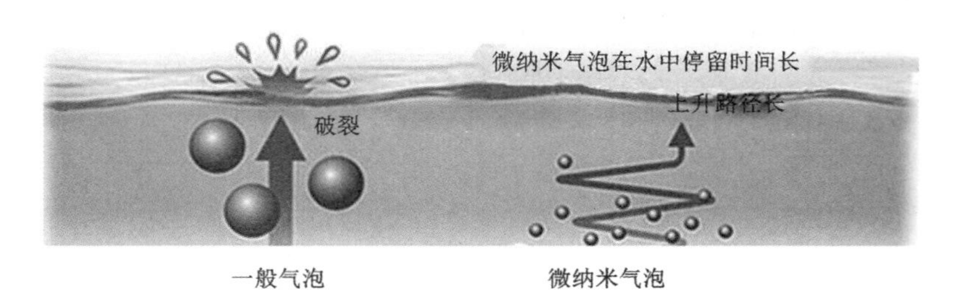

一般气泡　　　　微纳米气泡

图 2-11　一般气泡与微纳米气泡在液体中的上升行为

②表面带电，吸附能力强

当微纳米气泡在液体中收缩时，电荷离子在非常狭小的气泡界面上快速浓缩富集，气泡表面形成稳定的双电层，表现为 ζ 电位的显著增加，到气泡破裂前在界面处可形成非常高的 ζ 电位值。而 ζ 电位是决定气泡界面吸附性能的重要因素，ζ 电位越高，气泡界面吸附能力越强。特别是微气泡破裂瞬间会激发产生大量的羟基自由基。羟基自由基具有超高的氧化还原电位，可溶解或降解水中正常条件下难以氧化分解的各相对分子质量 VOCs 污染物，如苯酚等，实现对水质的净化作用。微纳米气泡的降解行为和溶解效率分别见图 2-12、图 2-13 所示。

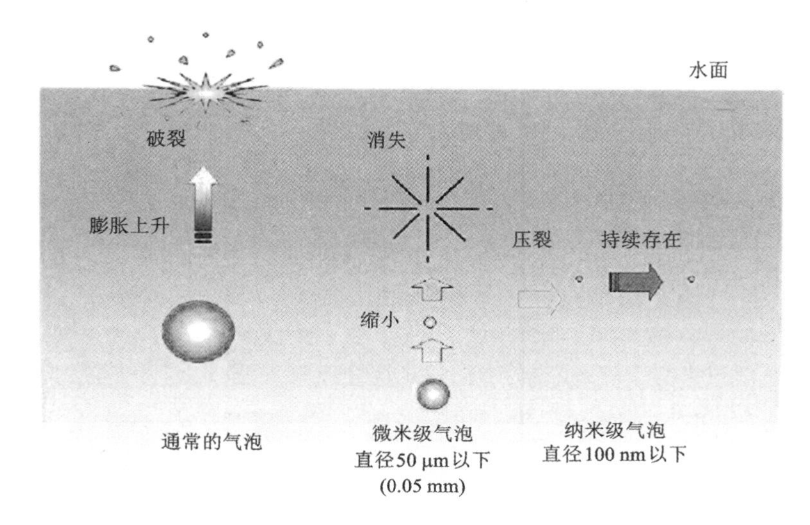

图 2-12　微纳米气泡的降解行为

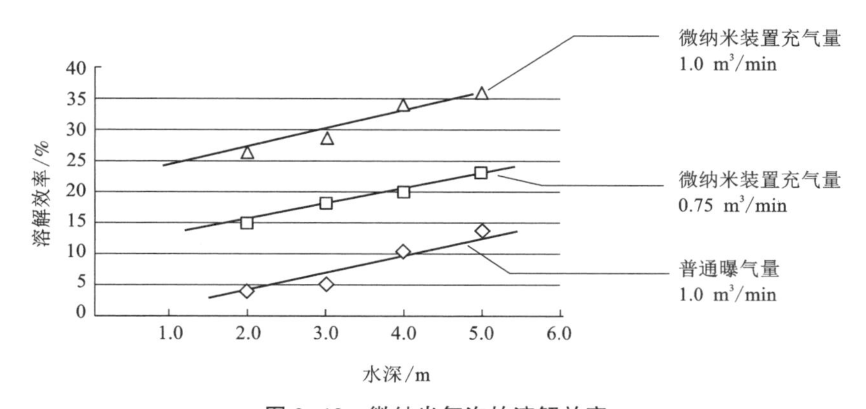

图 2-13　微纳米气泡的溶解效率

(3)微纳米气泡浮选技术的应用

上海某电线电缆测试检验分析所，在进行电线电缆的燃烧测试时，常会产生大量带有黑色烟尘和刺激性气味的有毒废气。经检测发现，黑色烟尘的主要成分为煤焦油、超细粉尘(炭黑)，有毒废气的主要成分为氯化氢、二氧化硫、氮氧化物等。经过布袋除尘，未能完全达到废气净化的效果，对车间及周边环境造成了较大污染。为解决此问题，该所在 2018 年采用微纳米气泡浮选技术对布袋除尘工艺进行改造，用一台 LMBJHJ-01 微纳米气泡浮选机取代布袋除尘设备和工艺。新工艺处理后的有毒废气，经上海国缆检测中心有限公司检测分析，完全实现达标排放，具体指标见表 2-4。

表 2-4 微纳气浮工艺与布袋除尘工艺效果对比 单位：mg/m^3

检测项目	未经处理	布袋除尘工艺	微纳米气泡浮选工艺	《大气污染物综合排放标准》(DB 31/933—2015)限值
颗粒物排放质量浓度	165.8	10.2	2.8	30
氯化氢排放质量浓度	40.0	32.6	2.0	10
二氧化硫排放质量浓度	365.3	268.7	5.0	200
氮氧化物排放质量浓度	296.7	239.3	0.9	200
非甲烷总烃排放质量浓度	156.5	124.6	13.9	70

注：表中数据来源于现场实测和上海国缆检测中心有限公司《检测报告》，报告编号为 18060437。

2.2 搅拌器的比拟放大设计

2.2.1 搅拌器比拟放大设计准则

搅拌器的设计若单纯从理论计算出发，则会很难与实际情况相符。一般的解决方法是以小型设备进行实验，使表示工艺特征的参数达到生产的要求，然后根据某些准则放大到生产规模。这种放大，并非单纯地将设备的几何参数扩大，还包括操作参数的相应变化。

在搅拌系统中，需要考虑实验模型与实际生产系统之间的三种相似关系，即几何相似、运动相似、动力学相似。

若设备的大小不同，但两者之间几何相应部分的尺寸之比相等，则我们认为此两台设备是几何相似的；若两台设备不但几何相似，而且各自在对应位置上的速度比也相等，则它们便达到运动相似；除了几何相似和运动相似外，若各自在对应位置上的力之比也相等，那它们之间也动力学相似。

在下节搅拌功率的讨论中，将通过量纲一分析法得到表达搅拌系统混合过程的准数关系式，把它写成：

$$P_0=f(Re,\ Fr) \tag{2-63}$$

量纲一准数有雷诺准数 Re、弗劳德准数 Fr 等，实际上每个量纲一准数即代表一种放大原则，也就是说，若两个系统相似，则反映其特征的量纲一准数值也相等。若是多相搅拌系统，则混合时还需克服相-相界面之间的表面张力 σ，于是，我们还必须考虑施加力与表面张力之比的韦伯准数 We（$We=\rho n^2T^3/\sigma$）。从而准数关系式应写成：

$$P_0=f(Re,\ Fr,\ We) \tag{2-64}$$

雷诺准数 Re、弗劳德准数 Fr 及韦伯准数 We 分别与 nT^2，n^2T，n^2T^3 成正比。若按某一准数相等在模型与生产设备中进行放大，则其他两个量纲一准数显然是不相等的。为了准确放大，通常在模型设计时抑制某些准数，而突出某个重要的准数。

在搅拌系统中，通常在槽体内对称设置挡板来抑制打旋现象，这样便可消除重力的影响而不必考虑弗劳德准数；在单相搅拌系统中，韦伯准数也不必考虑。

搅拌器的比拟放大设计，一般按工艺过程结果放大来进行。在几何相似系统中，要取得相似的工艺过程结果，可依据下面的放大准则来进行：

①保持雷诺准数 Re 不变，即 $nT^2=n_1T_1^2$；

②保持弗劳德准数 Fr 不变，即 $n^2T=n_1^2T_1$；

③保持韦伯准数 We 不变，即 $n^2T^3=n_1^2T_1^3$；

④保持搅拌器末梢速度不变，即 $nT=n_1T_1$；

⑤保持单位体积浆体的功率 N/V 不变，即 $n^3D^2=n_1^3D_1^2$。

但是，在上述五个放大准则中，要达到彼此协调一致是不可能的，因此在进行放大设计时，只能按某一个对工艺结果有重要影响的准则来进行。以下面的例题进一步加以说明。

例6：某洗涤剂，其密度 1400 kg/m^3，黏度 $1×10^{-3}$ Pa·s。用三只体积不同的标准构型搅拌器进行实验，达到所期望的工艺过程结果时实测数据如表2-5所示。

表2-5　实测数据

实验号	槽体内径 D/mm	搅拌器直径 T/mm	槽内浆体体量 V/m^3	搅拌转速 $n/(r·min^{-1})$
1	225	75	0.009	1275
2	450	150	0.072	637
3	900	300	0.572	319

生产规模拟采用槽体内径为 2700 mm 的搅拌槽，为达到所期望的工艺过程结果，应选用多大的搅拌转速和配备多大的电机？

解：三只实验槽的各放大准则数值计算结果如表2-6所示。

表2-6　各放大准则数值计算结果

	放大准数				
实验号	$Re=\frac{n\rho T^2}{\mu}$	$Fr=\frac{n^2T}{g}$	$U=\frac{\pi nT}{60}$/(m·s^{-1})	$N=\phi\rho n^3T^5$/kW	$\frac{N}{V}=\frac{4N}{\pi D^3}$/(kW·m^{-3})
1	167	3.45	5	0.124	13.86
2	324	1.725	5	0.496	6.93
3	668	0.89	5	2.05	3.57

可见，当搅拌器大小改变时，要取得所期望的工艺结果，唯有保持搅拌器末梢速度 U 不变才能实现。因此，放大设计时，应以搅拌器末梢速度相同作为放大准则，即 $\pi Tn=\pi T_1n_1=5$，又：

$\frac{T}{D}=\frac{300}{900}=\frac{150}{450}=\frac{75}{225}=\frac{1}{3}=\frac{T_1}{D_1}$，故有：

$T_1=\frac{D_1}{3}=\frac{2700}{3}=900\ \text{mm}$，从而，生产用搅拌槽的搅拌转速为：

$n_1=\frac{5}{\pi T_1}=\frac{5}{\pi\times0.9}=1.768\ \text{s}^{-1}=106\ \text{r/min}$，因此，

$Re=\frac{\rho n_1 T_1^2}{\mu}=\frac{1400\times1.768\times0.9^2}{1\times10^{-3}}=2\times10^6>>300$，由功率曲线查得 $\phi=2$。

所以，搅拌功率为：

$$
\begin{aligned}
N&=\phi\rho n_1^3 T_1^5=2\times1400\times1.768^3\times0.9^5\\
&=9137.3\ (\text{N}\cdot\text{m/s})\\
&=9.1\ (\text{kW})
\end{aligned}
$$

考虑传动效率和电动机的使用规范(运行功率不大于电机额定功率的 85%)等因素，搅拌设备实际的装机功率 N_d 为：$N_d=\frac{N}{0.85f}$。f 为传动效率，对齿轮减速箱传动而言，其传动效率可用 0.98 来计算，故所需配备电机的装机功率 $N_d=1.2N=10.92$ kW，选用 11 kW 标准系列电机。

2.2.2 搅拌过程与比拟放大设计准则的选取

1. 均相混合搅拌过程的比拟放大设计

均相混合搅拌过程，主要由液体的对流循环来决定，湍流对其的影响较小。实验表明，几何形状类似的搅拌器，其混合时间 t_m 与搅拌转速 n 的乘积是一常数，即

$$t_m\times n=\text{常数} \tag{2-65}$$

均相混合过程要求达到混合的时间基本相同，从而均相混合过程的比拟放大准则就是搅拌速度相同。因此，单位容积的搅拌功率关系为：

$$\frac{N_{V2}}{N_{V1}}=\frac{\frac{N_2}{V_2}}{\frac{N_1}{V_1}}=\left(\frac{T_2}{T_1}\right)^2=\left(\frac{D_2}{D_1}\right)^2 \tag{2-66}$$

可见，如几何放大倍数较大时，则其搅拌功率将相当大，实现困难，通常采用较小的几何放大倍数，用多个搅拌槽并联操作来解决此问题。

2. 固-液悬浮搅拌过程的比拟放大设计

固-液相系的悬浮搅拌，要达到固体颗粒的完全悬浮，则搅拌转速必须大于临界悬浮转速。而临界悬浮转速不仅取决于固体颗粒的形状和大小，而且与槽体及搅拌轮的几何尺寸有关，所以，比拟放大后，随着搅拌轮及槽体尺寸的变化，存在新的临界转速，放大后要达到固体颗粒的完全悬浮，则搅拌转速必须大于新的临界悬浮转速才能实现。对固-液相系的悬浮搅拌而言，要求放大前后达到相同的搅拌效果，即实现固体颗粒的完全悬浮，因此，其单位容积的搅拌功率必须相同，这就是固-液相系悬浮搅拌的比拟放大设计准则。

因单位容积的搅拌功率相同，则有 $N_{V2}=N_{V1}$，从而：

$$\frac{N_{V2}}{N_{V1}}=\frac{\frac{N_2}{V_2}}{\frac{N_1}{V_1}}=\frac{\frac{n_2^3T_2^5}{T_2^3}}{\frac{n_1^3T_1^5}{T_1^3}}=\frac{n_2^3T_2^2}{n_1^3T_1^2}=1$$

由此可得比拟放大前后搅拌转速的关系为：

$$\frac{n_2}{n_1}=\left(\frac{T_1}{T_2}\right)^{\frac{2}{3}} \tag{2-67}$$

3. 气-液分散过程的比拟放大设计

气体在液体中的分散，对分散度有一定的要求，在进行比拟放大设计时，必须服从单位体积液体的接触表面积不变这一准则。

气体分散时，单位体积的气泡接触表面积 a_g 是韦伯数 W_e 和雷诺准数 Re 的函数，即：

$$a_gT = K\left(\frac{\rho n^2T^3}{\sigma}\right)\left(\frac{\rho nT^2}{\mu}\right)^{-0.5} \tag{2-68}$$

从而有：

$$a_g = K\frac{\rho^{0.5}n^{1.5}T}{\sigma\mu^{-0.5}} \tag{2-69}$$

比拟放大时，保持单位体积的气泡接触表面积 a_g 不变，由式(2-69)可得：

$$n_2^{1.5}T_2 =n_1^{1.5}T_1$$

即

$$\frac{n_2}{n_1}=\left(\frac{T_1}{T_2}\right)^{\frac{2}{3}} \tag{2-70}$$

因此，单位容积的搅拌功率关系为：

$$\frac{N_{V2}}{N_{V1}}=\frac{\frac{N_2}{V_2}}{\frac{N_1}{V_1}}=\frac{\frac{n_2^3T_2^5}{T_2^3}}{\frac{n_1^3T_1^5}{T_1^3}}=\left(\frac{n_2}{n_1}\right)^3\left(\frac{T_2}{T_1}\right)^2=\left[\left(\frac{T_1}{T_2}\right)^{\frac{2}{3}}\right]^3\left(\frac{T_2}{T_1}\right)^2 = 1 \tag{2-71}$$

从式(2-71)可知，比拟放大后，要保持单位体积的气泡接触表面积 a_g 不变，则其单位容积的搅拌功率必须相等。

2.3　搅拌功率

2.3.1　搅拌功率的确定

1. 按体积流量、压头确定搅拌功率

搅拌器的功率是衡量搅拌器性能好坏的依据之一。搅拌器旋转时，其作用与离心泵叶轮相似，既使浆体流动，同时又产生压头。要维持搅拌器的连续运转，则必须有动力的连续输入，即搅拌器的功率。体积流量 Q、压头 H_v 和功率 N 之间的关系为：

$$N \propto QH_v\rho g \tag{2-72}$$

式中：N 为功率，(kW)；Q 为体积流量(m^3/s)；H_v 为压头(m)；ρ 为液体密度(kg/m^3)；g 为重力加速度(m/s^2)。

压头 H_v 通常以速度头来表示，即

$$H_v \propto \frac{v^2}{2g} = \frac{\left(\frac{\pi T_n}{60}\right)^2}{2g} \propto n^2T^2 \tag{2-73}$$

体积流量 Q 为：

$$Q \propto vS = \frac{\pi Tn}{60} \times \pi T \times B = \frac{\pi^2 n}{60}T^2 kT \propto nT^3 \tag{2-74}$$

式中：n 为搅拌器的转速(r/min)；T 为搅拌器的直径(m)；B 为叶片宽度，$B=kT$(m)；S 为叶片外端圆环面积(m^2)。

将式(2-73)、式(2-74)代入式(2-72)，可得：

$$N \propto n^3T^5 \tag{2-75}$$

从式(2-75)我们可以得出如下结论：搅拌功率与搅拌转速的三次方、搅拌器直径的五次方成正比。

又因 $Q \propto nT^3$，$H \propto n^2T^2$，则有：

$$\frac{Q}{H_v} = \frac{nT^3}{n^2T^2} = \frac{T}{n} \tag{2-76}$$

可见，在同等功率消耗的情况下，一个旋转速度慢的大搅拌器产生的体积流量大但压头小，而一个旋转速度快的小搅拌器产生的体积流量小但压头大。换言之，希望压头 H 大而体积流量 Q 小时，应采用能产生高湍流的搅拌器，适当提高搅拌转速。

2. 按搅拌扭矩确定搅拌功率

对搅拌系统几何因素、物理参数及运转参数明确的单叶轮搅拌系统，设搅拌轮的直径为 T，轮毂直径为 d，叶片宽度为 B，迎浆面倾角为 θ，叶片数量为 K 片，搅拌转速为 n，液体的密度为 ρ_L，我们可直接按图 2-14 所示的简化模型，通过计算搅拌轴所受扭矩来确定搅拌功率。在叶片上取微元，根据牛顿定律，微元面积上的法向作用力 dF_n 为：

$$dF_n = \rho_L F v^2 = \rho_L B dr\left(\frac{r\pi n}{30}\right)^2 = \left(\frac{\pi}{30}\right)^2 \rho_L B r^2 n^2 dr \tag{2-77}$$

微元切向力 dT_t 为：

$$dF_t = dF_n \cos\theta = \rho_L B r^2 dr\left(\frac{\pi n}{30}\right)^2 \cos\theta = \left(\frac{\pi}{30}\right)^2 \rho_L B r^2 n^2 \cos\theta dr \tag{2-78}$$

对回转轴心的微元扭矩 dM_T 为：

$$dM_T = r dF_t = \left(\frac{\pi}{30}\right)^2 \rho_L B r^3 n^2 \cos\theta dr \tag{2-79}$$

则所有叶片对转轴回转中心的总扭矩 M_T 为：

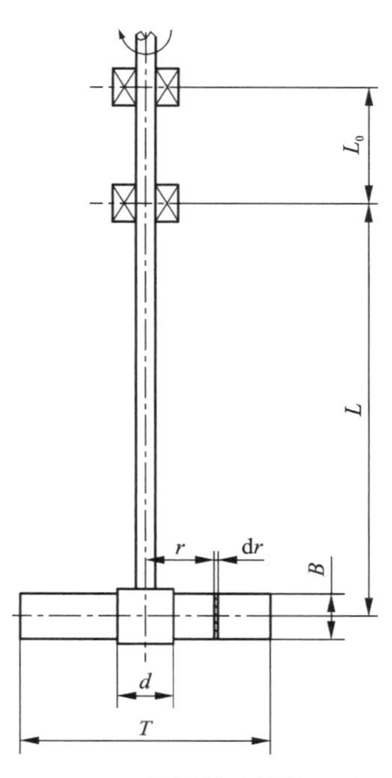

图 2-14　单搅拌器搅拌系统

$$M_{\mathrm{T}} = K\int_{\frac{d}{2}}^{\frac{T}{2}} \mathrm{d}M_{\mathrm{T}} = \frac{1}{64}\left(\frac{\pi n}{30}\right)^2 \rho_{\mathrm{L}} KB(T^4 - d^4)\cos\theta \tag{2-80}$$

搅拌功率 N 为：

$$N = M_{\mathrm{T}}\omega = \frac{1}{64}\left(\frac{\pi n}{30}\right)^3 \rho_{\mathrm{L}} KB(T^4 - d^4)\cos\theta \tag{2-81}$$

对搅拌器来讲，其叶片宽度 B 与搅拌器直径 T 成正比例关系，可以认为，搅拌功率与搅拌器转速的三次方搅拌器直径的五次方成正比。因此，进行搅拌系统设计时，在满足搅拌要求的前提下，宜采用较高的搅拌转速和较小的搅拌器直径，这样有利于减小搅拌器的功率消耗。

必须指出的是，根据上面的方法确定搅拌功率后，搅拌设备的实际装机功率，还要考虑传动效率和电动机的使用规范（运行功率不大于电机额定功率的 85%）等原因，实际的装机功率 N_{d} 为：

$$N_{\mathrm{d}} = \frac{N}{0.85f} = (1.2 \sim 1.25)N \tag{2-82}$$

式中：f 为传动效率，皮带传动和减速箱传动的效率可分别按 0.95 和 0.98 来计算。

2.3.2　搅拌功率的量纲分析

1. 搅拌功率的无因次函数

搅拌器旋转时，槽内液体会一起运动，当搅拌速度足够大时，液面会出现旋涡，导致部分浆体被提升到平均液面以上，而这种提升需克服重力的作用而消耗能量。但搅拌介质的运动同样服从质量守恒、动量守恒及能量守恒等定律，满足纳维-斯托克斯(Navier-Stokes)方程。浆体搅拌混合所需功率取决于所期望的浆体流型、流速及湍流的大小。具体而言，影响搅拌功率的主要因素有三类：第一类是搅拌器和搅拌槽槽体的几何结构型式及尺寸，称为几何参数；第二类是搅拌介质的物理参数，如浆体的黏度和密度、固体物的颗粒大小及密度等；第三类是搅拌速度等运转参数。但研究发现，要用一个物理方程来完全清楚表达这些因素与搅拌功率间的关系是困难的。通常采用相似理论分析的方法，将几何因素、物理参数及运转参数等转换成少量有意义的量纲数群，建立搅拌过程的流体状态方程。假设有一符合“标准”搅拌槽构型规定的搅拌器，搅拌器直径为 T，搅拌转速为 n，浆体密度和黏度分别为 ρ 和 μ。若不考虑形状因数的影响，搅拌功率 N 可表述为上述变量的函数如下：

$$N=f(n,\ T,\ \rho,\ \mu,\ g) \tag{2-83}$$

借用量纲分析法，设：

$$N=Kn^aT^b\rho^c\mu^dg^e \tag{2-84}$$

式中：K 为常数，量纲一。以质量 M、长度 L 及时间 S 为基本因次，则式(2-84)可转换为如下的量纲一关系式：

$$ML^2S^{-3}=(S^{-1})^aL^b(ML^{-3})^c(ML^{-1}S^{-1})^d(LS^{-2})^e$$

整理得：

$$ML^2S^{-3}=M^{c+d}L^{b-3c-d+e}S^{-a-d-2e} \tag{2-85}$$

比较等号两边各量纲一的指数，可得如下关系式：

$$\begin{cases}c+d=1\\b-3c-d+e=2\\a+d+2e=3\end{cases} \tag{2-86}$$

从而可得

$$\begin{cases}a=3-d-2e\\b=5-2d-e\\c=1-d\end{cases} \tag{2-87}$$

将式(2-87)代入式(2-84)，有：

$$N=Kn^{3-d-2e}T^{5-2d-e}\rho^{1-d}\mu^dg^e$$

把此公式变形可得：

$$\frac{N}{\rho n^3T^5}=K\left(\frac{T^2n\rho}{\mu}\right)^{-d}\left(\frac{Tn^2}{g}\right)^{-e} \tag{2-88}$$

令 $x=-d$，$y=-e$，$P_0=\dfrac{N}{\rho n^3T^5}$，$Re=\dfrac{T^2n\rho}{\mu}$，$Fr=\dfrac{Tn^2}{g}$，则式(2-88)简化为：

$$P_0=KRe^xFr^y \tag{2-89}$$

式中：P_0 为功率准数，它代表施加于被搅拌浆体的力；Re 为雷诺准数，它代表施加力与黏性力之比；Fr 为弗劳德准数，它代表施加力与重力之比。

令 $\phi=P_0/Fr^y$，则式(2-89)可写成：

$$\phi=KRe^x \tag{2-90}$$

式中：ϕ 称为功率准数。

2. 功率准数曲线

用相似理论分析方法得到功率准数的表达关系后，可以对一定形状的搅拌器进行实验，得到功率准数与雷诺准数 *Re* 的功率曲线。对于一个具体的几何构形，功率曲线是唯一的，它与搅拌槽的大小无关。国内外研究人员对不同几何构形的搅拌器进行了诸多研究，得到了其相应的功率曲线。Rushton 等人对多种型式的搅拌器在液体黏度 0.001～40 Pa · s 以内、雷诺准数 *Re* 在 10^6 以内进行了实验，得到了图 2-15 所示的功率算图。

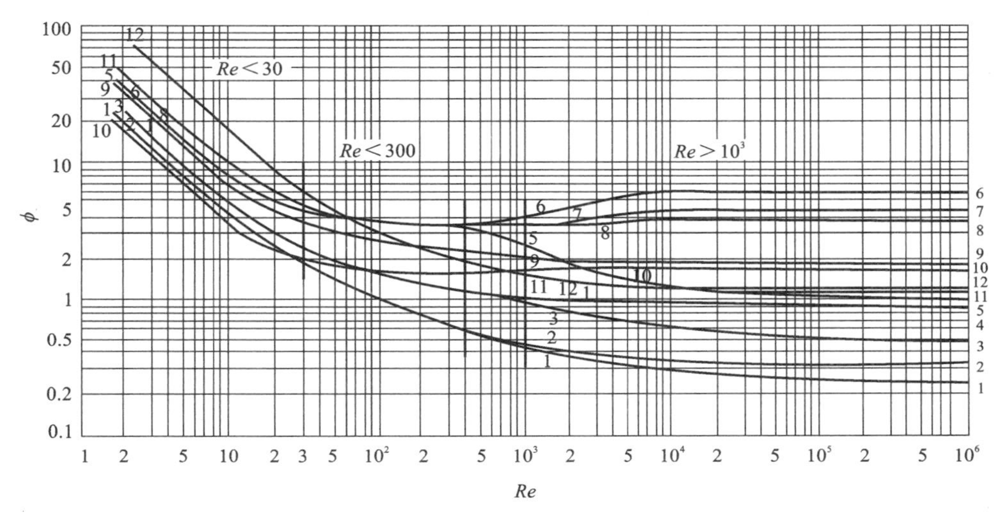

1、2—三叶片推进式搅拌器 $S=d$；3、4—三叶片推进式搅拌器 $S=2d$；5、6—六叶片平直圆盘搅拌器；7—六弯叶圆盘涡轮搅拌器；8—四片斜桨涡轮搅拌器；9—六片斜桨涡轮搅拌器；10—双叶平浆搅拌器；11、12—六叶片闭式涡轮搅拌器。

图 2-15　Rushton 功率曲线

从图 2-15 可见，在低雷诺准数（*Re*<30）区，对各种型式的搅拌器，其功率曲线近似于斜率等于-1 的直线，在此区域内，浆体的黏性力起主要作用，而重力的影响可忽略，即可不考虑弗劳德准数 *Fr* 的影响，因此：

$$\phi = P_0 = \frac{N}{\rho n^3 T^5} = 71Re^{-1} \tag{2-91}$$

即

$$N = 71\rho n^3 T^5 \left(\frac{T^2 n\rho}{\mu}\right)^{-1} = 71\mu n^2 T^3 \tag{2-92}$$

当雷诺准数值增大时，浆体从层流向湍流过渡。在 *Re*≤300 时，不会出现大的旋涡，流动特征仍只取决于雷诺准数 *Re*，不必考虑弗劳德准数 *Fr* 对功率的影响，可从功率曲线上查得 ϕ 后，仍可用式（2-83）求得功率 *N*。

当 *Re* 大于 10^3 时，有足够的能量传递给浆体引起打旋现象，搅拌功率受雷诺准数 *Re* 和弗劳德准数 *Fr* 的双重影响，对无挡板槽体，其关系式为：

$$\phi = \frac{P_0}{Fr^y} \tag{2-93}$$

其中：y 通过实验得到，其经验计算公式为：

$$y = \frac{\alpha - \lg Re}{\beta} \tag{2-94}$$

于是得：

$$N = \phi\rho n^3 T^5 Fr^y = \phi\rho n^3 T^5 Fr^{\left(\frac{\alpha - \lg Re}{\beta}\right)} \tag{2-95}$$

几种搅拌器的 α、β 值见表 2-3。

计算搅拌器的功率，一方面是为了确定一定构型的搅拌器能向被搅拌介质传递多大的能量，以满足搅拌过程的需要；另一方面则是为进行搅拌器、搅拌轴强度计算提供根据。

3. 影响搅拌功率的因素分析

搅拌功率是搅拌器的重要参数之一，它是搅拌槽槽体及搅拌轮结构的几何参数、料浆的物性参数和搅拌器的运转参数等的函数。不考虑槽体几何参数的影响时，搅拌功率可按式(2-95)进行计算。

国内外有许多学者对影响搅拌功率的诸多因素进行了实验研究，发现影响搅拌功率的主要因素有三类：①与搅拌轮有关的因素，如搅拌轮直径 T、叶片数量、叶片宽度 B、叶片倾角 θ、搅拌轮安装高度 H、搅拌转速 n 等；②与搅拌槽相关因素，如槽体形状、槽体直径 D、液面深度 H_0、挡板宽度及数量等；③与物料相关的因素，如料浆的密度 ρ、黏度 μ 等。永田进治提出了考虑搅拌槽及搅拌轮形体因素影响的搅拌功率准数 ϕ 的计算公式：

$$\phi = \frac{k_1}{Re} + k_2\left(\frac{1000 + 1.2Re^{0.66}}{1000 + 3.2Re^{0.66}}\right)^{k_3} \times \left(\frac{H}{D}\right)^{\left(0.35 + \frac{B}{D}\right)} \sin\theta^{1/2} \tag{2-96}$$

式中：Re 为雷诺准数；k_1、k_2、k_3 为方程式参数，按下面的公式计算：

$$k_1 = 14 + \frac{B}{D}\left[670\left(\frac{T}{D} - 0.6\right)^2 + 185\right] \tag{2-97}$$

$$k_2 = 10^{\left[1.3 - 4\left(\frac{B}{D} - 0.5\right)^2 - 1.14\frac{B}{D}\right]} \tag{2-98}$$

$$k_3 = 1.1 + 4\frac{B}{D} - 2.5\left(\frac{T}{D} - 0.5\right)^2 - 7\left(\frac{B}{D}\right)^4 \tag{2-99}$$

2.4 CK 高效搅拌槽正交试验研究

2.4.1 试验设备的结构

实验设备规格为 ϕ2 m×2 m，其结构如图 2-16 所示，主要由槽体、电机传动部件、搅拌轴部件、导流整流装置等组成。导流整流装置固定在槽内底部中央，搅拌轮为下掠式异形搅拌轮，叶轮直径固定，叶片安装倾角根据需要可以调节。

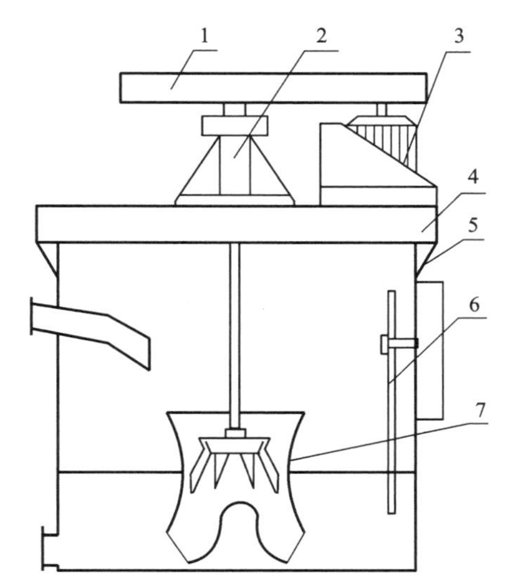

1—传动皮带及安全罩；2—搅拌轴部件；3—电机部件；
4—大梁；5—槽体；6—玻璃管液位计；7—导流整流装置。

图 2-16　ϕ2 m×2 m 高效矿浆搅拌槽

2.4.2　试验方法与结果

1. 清水试验

试验目的是为了研究搅拌槽设备的技术参数对搅拌强度的影响，进而得到最优参数组合。试验中，搅拌强度用插入槽内的玻璃管水柱上升的高度来表示，玻璃管内径为 5 mm，插入液面的深度为 1.2 m，矿浆面距槽体上缘为 0.2 m。

在清水条件下，当叶轮直径一定时，影响搅拌强度的直接因素有叶轮安装高度、叶片倾角以及叶轮转速，三因素三水平 $L_9(3^3)$ 正交实验见表 2-7，试验及极差分析结果见表 2-8。

表 2-7　$L_9(3^3)$ 正交试验

序号	水平		
	叶轮高度 A/mm	叶片倾角 B/(°)	叶轮转速 C/(r·min^{-1})
1	30	35	177
2	60	45	196
3	80	60	218

表 2-8 搅拌强度 $L_9(3^3)$ 正交试验及极差计算结果

序号	水平			结果
	A	*B*	*C*	搅拌强度(水柱高)/mm
1	1	1	1	35
2	1	2	2	70
3	1	3	3	63
4	2	1	2	40
5	2	2	3	95
6	2	3	1	42
7	3	1	3	45
8	3	2	1	55
9	3	3	2	35
K_{1j}	168	120	132	
K_{2j}	177	220	145	
K_{3j}	135	140	203	
$\bar{k}_{1j}$	56	40	44	
$\bar{k}_{2j}$	59	77	48	
$\bar{k}_{3j}$	45	47	68	
R	14	37	24	
最优水平	A_2	B_2	C_3	

可以看出，叶片倾角、叶轮转速对搅拌强度有显著影响，而叶轮安装高度对搅拌强度的影响相对不明显。从显著性水平极差计算结果，其最佳水平为 A_2 B_2 C_3，即叶轮安装高度 60 mm、叶片安装倾角 45°和叶轮转速 218 r/min。

2. 带料试验

经过清水正交试验和极差分析，确定高效搅拌槽的最佳参数为：A_2 B_2 C_3，在此基础上，采用铁精矿[相对密度 4.3、粒度 74 μm(质量分数 70%)]配浆，进行单个条件验证试验。

为检测矿浆在搅拌槽内搅拌的均匀程度以及是否有沉积的现象，采用测定试样质量分数和快速筛析测定其中粒度小于 74 μm 颗粒质量分数的办法进行试验。当测定表层矿浆浓度低于试样的原配矿浆质量分数，且粒度小于 74 μm 颗粒质量分数高于试样中的质量分数时，表示有沉槽现象。

①叶片倾角对搅拌效果的影响

在矿浆质量分数为 33%、叶轮转速为 218 r/min 和叶轮安装高度为 60 mm 的条件下，叶片倾角对搅拌效果的试验结果见图2-17。

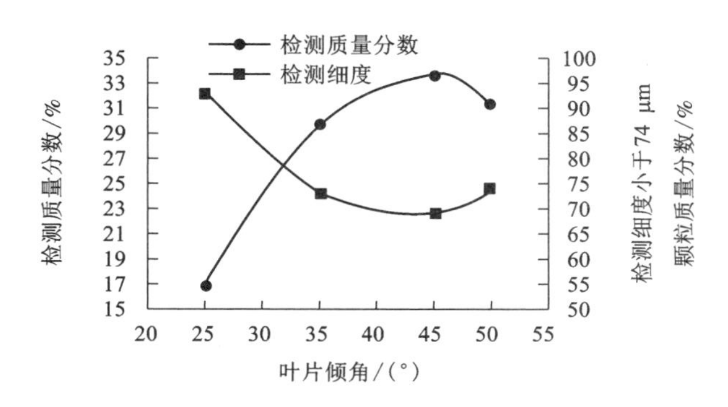

图2-17　叶片倾角对搅拌效果的影响

从图2-17可以看出，当叶片倾角从25°增加到45°时，表层矿浆质量分数显著提高，从17%增加到29.6%，逐步接近原配质量分数33%，而小于74 μm的颗粒质量分数从93.1%下降到69.0%，接近原配细度小于74 μm颗粒质量分数70%，表明槽内基本达到质量分数一致；当叶片倾角由45°继续增大到50°时，表层矿浆质量分数又急剧下降，同时小于74 μm颗粒质量分数急剧增大，均偏离原配质量分数33%，细度小于74 μm颗粒质量分数70%。这是因为当叶片倾角过小时，搅拌桨叶产生的流动以轴向流为主，当叶片倾角过大时，搅拌桨叶产生的流动则以径向流为主，二者均不利于浆液在导流整流装置内合理流动，流动会被整流装置阻挡而减弱，加剧整流装置磨损，对导流整流装置外面的浆液产生的扰动较小，搅拌均匀度不足，有沉槽现象。而在45°倾角时，搅拌桨叶产生的流动为相等的主导轴向流带径向流，有利于浆液在导流整流装置内顺利流过，对装置外的浆液产生强烈剪切扰动，搅拌均匀，故叶片倾角以45°为宜。

②叶轮安装高度对搅拌效果的影响

在矿浆质量分数为33%、叶轮转速为218 r/min和叶片倾角为45°的条件下进行了不同叶片倾角的试验，其结果见图2-18。

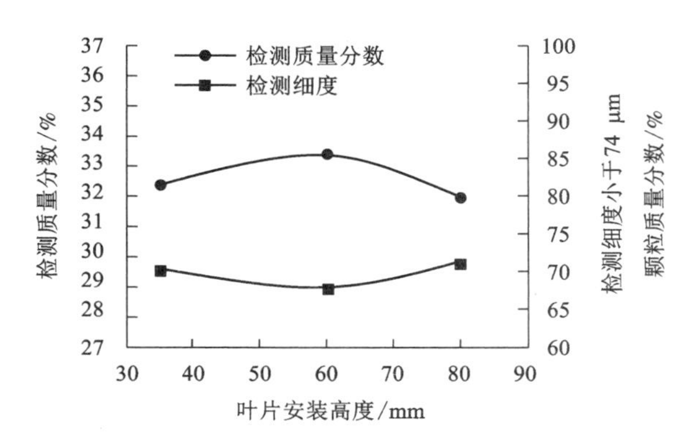

图2-18　叶轮安装高度对搅拌均匀度的影响

由图 2-18 可以看出，随着叶轮安装高度的增加，检测的表层矿浆质量分数先增大后减少，而检测细度小于 74 μm 颗粒质量分数先减小后增大，但二者变化均不明显，在叶轮安装高度为 60 mm 时达到极值，此时的检测质量分数为 33.4%，检测细度小于 74 μm 颗粒质量分数为 68.0%，均接近原配质量分数 33%和细度小于 74 μm 颗粒质量分数 70%，综合考虑检测质量分数和检测细度，确定叶轮安装高度仍为 60 mm 最佳。

③搅拌转速对搅拌效果的影响

在搅拌轮直径、叶片倾角、叶轮安装高度不变的条件下，搅拌转速对搅拌效果的影响见表 2-9。

表 2-9　搅拌转速对搅拌效果的影响

矿浆质量分数/%	搅拌转速 180 r/min		搅拌转速 200 r/min		搅拌转速 218 r/min		搅拌转速 235 r/min	
	实测质量分数/%	电流/A	实测质量分数/%	电流/A	实测质量分数/%	电流/A	实测质量分数/%	电流/A
28	25.9	9.8	27.9	10.0	28.0	12.0	28.0	14.0
33	29.1	10	31.8	10.0	32.6	12.5	32.8	15.2
38	35.6	10.2	36.5	10.5	37.8	13.6	38	16.7
43	40.8	10.5	41.6	10.8	42.7	14.2	48	17.1
48	45.6	10.8	46.5	12.1	47.8	15.3	48	17.3

从表 2-9 可知，同一矿浆质量分数下，搅拌转速越高，工作电流越大，同一搅拌转速下，矿浆质量分数越高，工作电流越大，但其影响强度不如搅拌转速的影响大。矿浆质量分数越高，达到搅拌均匀所需的搅拌转速越高，但过高的搅拌转速对搅拌效果影响不大，徒增功率消耗，故以不小于临界转速为宜。

第 3 章
搅拌槽设备的结构及主要零部件的设计计算

3.1　搅拌槽设备的结构

3.1.1　概述

立式钢制槽体搅拌设备主要由传动系统、搅拌轴部件、大梁槽体、导流整流装置及其他附件和自控仪表等组成。随着智慧矿山、无人选厂的建设，搅拌槽设备通常配备液位、质量分数、pH 及转速、扭矩等传感器，以实现对设备运行状况的在线实时监测。皮带传动和减速箱传动搅拌槽设备的结构分别如图 3-1、图 3-2 所示。

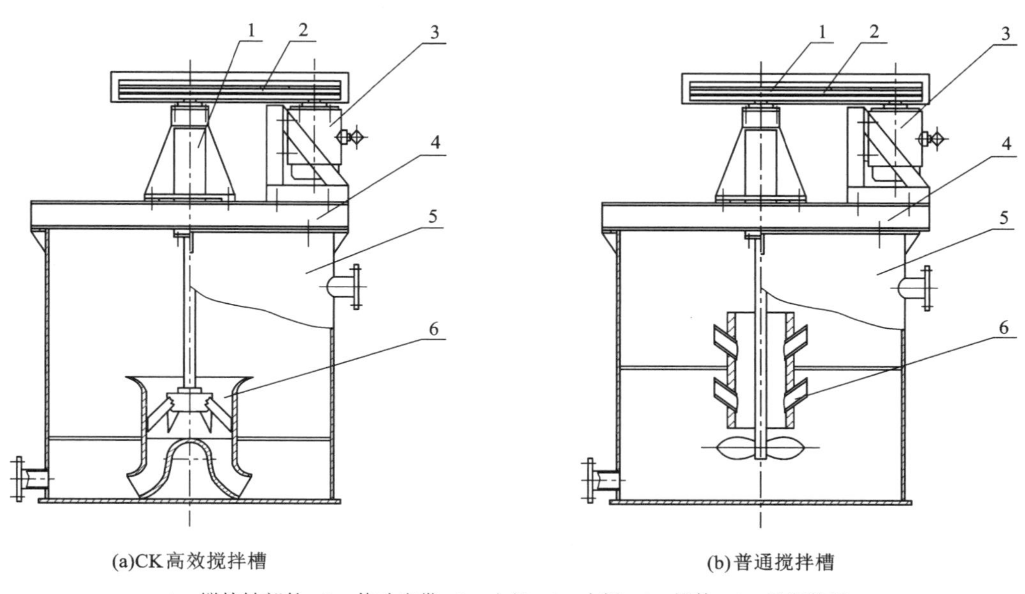

1—搅拌轴部件；2—传动皮带；3—电机；4—大梁；5—槽体；6—导流装置。

图 3-1　皮带传动搅拌槽

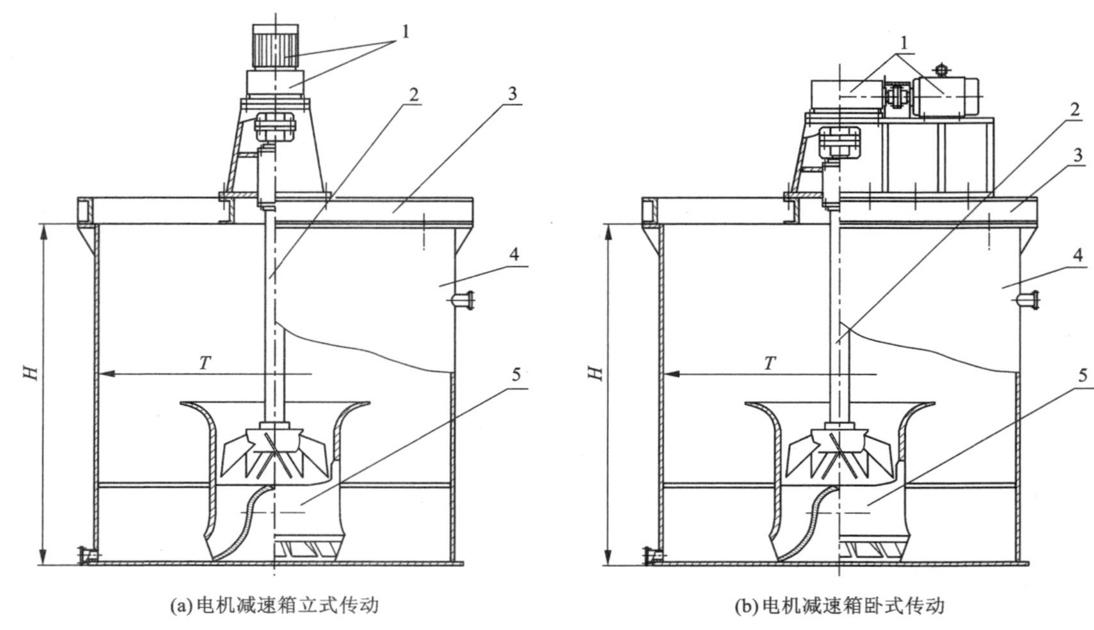

(a)电机减速箱立式传动　　　　(b)电机减速箱卧式传动

1—电机减速箱；2—搅拌轴部件；3—大梁；4—槽体；5—导流装置。

图 3-2　减速箱传动高效搅拌槽

3.1.2　CK 高效搅拌槽与常规搅拌槽

CK 系列高效矿浆搅拌槽传动方式有皮带传动和减速箱传动两种，结构分别如图 3-1(a)、图 3-2 所示。该系列高效矿浆搅拌槽是长沙矿冶研究院有限责任公司开发研制的具有自主知识产权、居国际领先水平的新型浆体搅拌设备，获中华人民共和国国家发明专利和国家发明三等奖。其结构特点及工作原理为：搅拌系统采用下掠式异形搅拌轮，搅拌轮置于导流筒内，与导流器上端面距离 30~50 mm。搅拌轮顺时针旋转，推动矿浆由导流器的流体通道冲向槽体底部并向四周散开，使槽内矿浆形成“W”型流迹上下激烈循环；同时在槽体与导流整流装置之间，形成与搅拌轮转动方向相反的矿浆流，对固体颗粒物表面进行强力擦洗，改善油药作用条件，强化矿化分散效果。高效搅拌槽具有能耗低、油药弥散均匀、搅拌强烈、固相不沉槽、搅拌轮使用寿命长、可带矿启动等特点。常规搅拌槽的结构如图 3-1(b)所示，它采用中心循环筒和螺旋桨搅拌器，槽内矿浆流迹围绕中心循环筒打旋，槽体底部周边存在大固体颗粒的沉积，沉积层的轴截面形状为抛物线型。常规搅拌槽和 CK 高效搅拌槽矿浆流迹如图 3-3。

3.1.3　传动方式的确定及减速箱的选型

搅拌槽设备的传动方式，主要与搅拌转速、装机功率及设备的使用场合有关。一般而言，对中小型搅拌槽设备，如果传动比在 7 以内、装机功率在 50 kW 以内，可优先选用皮带传动或立式减速箱传动；对大型搅拌槽设备，因搅拌功率大且搅拌转速较低，需较大的传动比才能实现，通常采用减速箱传动。这两种传动方式，各有其优点。皮带传动结构简单，过载保护

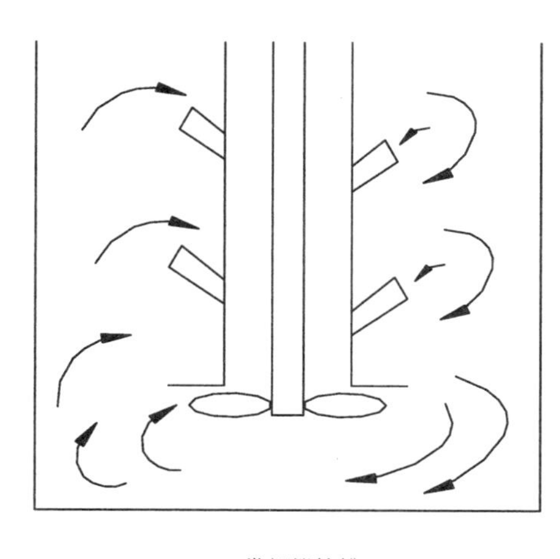

(a)常规搅拌槽

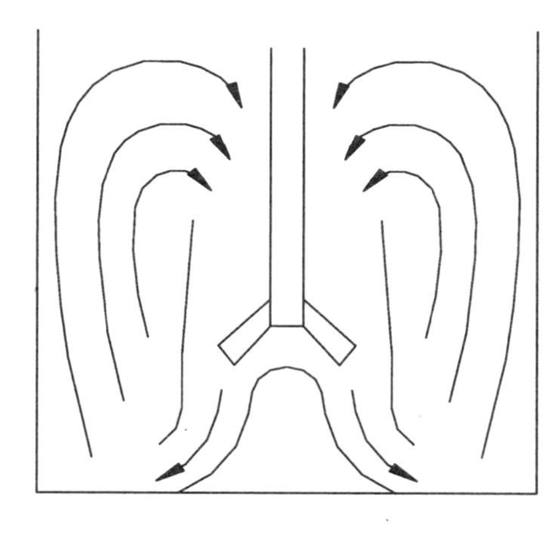

(b)CK高效搅拌槽

图 3-3　常规搅拌槽和 CK 高效搅拌槽矿浆流迹

好，但传动比小，传递的功率不大；减速箱传动适合于各种传动比和功率的场合，得到广泛的应用。但在危险爆炸环境下使用的搅拌槽设备，必须采用闭式齿轮减速箱传动。皮带传动的选型及计算，请参考《机械设计手册》中皮带传动章节的内容。对减速箱传动，齿轮减速箱的选型按如下步骤进行：①根据搅拌功率确定驱动电机装机功率；②根据装机功率和传动比确定齿轮减速箱的规格型号；③根据热容量确定齿轮减速箱的冷却方式。

表 3-1　减速箱选型

减速箱选型		
确定驱动电机装机功率	驱动电机功率 N_d：$N_d=(1.2\sim1.25)N$	N—搅拌功率； N_d—驱动电机功率
确定减速箱规格型号	传动比 $i=\dfrac{n_1}{n_2}$	n_1—电机输出转速(减速箱输入转速)； n_2—搅拌转速(减速箱输出转速)
	减速箱额定功率 P_N： $f_1N_d\leqslant P_N\leqslant3.33N_d$ 一般要求 $P_N=2\sim2.5N_d$	f_1—工作情况系数，对搅拌槽设备， $f_1=1.1\sim1.2$ N_d—驱动电机功率 P_N—减速箱额定功率
	核定最大扭矩 T：$T=\dfrac{P_N}{9550\times n_2}\geqslant T_A$	T_A—工作峰值扭矩或启动扭矩、制动扭矩
确定减速箱冷却方式	减速箱额定热容量 P_G 大于 N_d	不带辅助冷却装置
	减速箱额定热容量 P_G 小于 N_d	带冷却风扇或冷却盘管

注：减速箱的额定功率 P_N 和额定热容量 P_G 可由减速箱样本手册查到。

在确定了表中各参数后，即可根据齿轮减速箱产品样本，选择合适的减速箱规格型号。

3.1.4 搅拌槽大梁桥架、槽体和CK高效搅拌槽导流整流装置的设计

1. 大梁桥架的设计与刚度计算

搅拌槽的大梁桥架用来支撑传动系统和搅拌系统，一般用工字钢、槽钢或矩形方钢来制作。为增加刚度，大型搅拌槽的大梁桥架通常采用井字形结构，周边布置有安全护栏，兼作安装检修平台用。大梁桥架的设计，刚度是最重要的衡量指标，变形必须控制在规范要求的范围内。大梁桥架的变形挠度，可按如图3-4所示的简化力学模型来进行受力分析计算。大梁桥架的简化力学模型，是在如下假定的条件下建立的：①不考虑大梁桥架自重对变形的影响；②搅拌系统和电机(电机减速箱)的质量分别为 G_1 和 G_2，视为集中载荷处理。

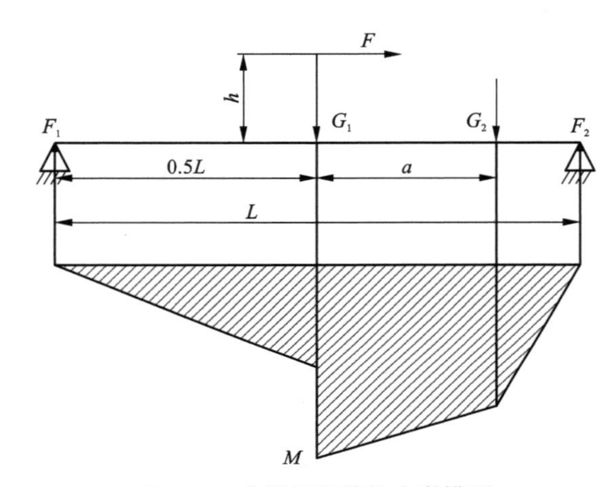

图3-4 大梁桥架简化力学模型

传动皮带作用在搅拌轴上的拉力 F 为：

$$F = 2ZF_0\sin\frac{\alpha}{2} \tag{3-1}$$

式中：Z 为皮带的根数；F_0 为单根皮带的预紧力；α 为小带轮包角。

$$F_0 = 500\left(\frac{2.5}{K_a} - 1\right)\frac{N}{ZV} + mV^2 \tag{3-2}$$

式中：N 为传递的功率(kW)；K_a 为小带轮包角修正系数；Z 为皮带的根数；V 为皮带的速度(m/s)；m 为传动皮带每米的质量(kg)。

左支点力 F_1 为：

$$F_1 = \frac{1}{2}G_1 + \left(\frac{1}{2} - \frac{a}{L}\right)G_2 - \frac{h}{L}F \tag{3-3}$$

大梁桥架的最大弯矩 M 为：

$$M = \frac{L}{2}F_1 = \frac{L}{2}G_1 + \left(\frac{L}{2} - a\right)G_2 - Fh \tag{3-4}$$

式中：h 为传动皮带中心高(m)；L 为大梁桥架的长度(m)；a 为皮带传动中心距(m)。

大梁桥架的最大变形挠度为：

$$y_{\max} = \frac{1}{48EJ}\{G_1L^3 + G_2(0.5L - a)[3L^2 - 4(0.5L - a)^2] + 3FhL^2\} \leqslant [y] = 0.004L \tag{3-5}$$

式中：$[y]$ 为许用挠度(mm)；E 为材料的弹性模量，对于钢材 $E=2.1\times10^5$ MPa；J 为截面惯性矩(mm^4)，可由型钢表查到。

2. 搅拌槽槽体的设计

(1)搅拌槽槽体的结构

搅拌槽槽体作为容器，用来盛放待搅拌的浆体。通常用普通碳钢焊接而成，如果搅拌介质存在酸碱腐蚀，则根据酸碱的不同和 pH 的大小，在碳钢槽体内部衬胶或采用不锈钢、超高分子塑料等材质来制作。在某些化工及湿法冶金行业，搅拌过程因槽内存在有压力或化学反应，常采用带椭圆封头的密闭式槽体，槽体内均匀布置有 4 或 6 块涡流挡板(涡流挡板的宽度 b 为 0.05~0.1 槽体的内径 T)，槽体高度一般为槽体内径的 1.25 倍，此类搅拌设备亦称为搅拌反应釜。搅拌反应釜常采用釜底支腿或均匀分布的 4 或 6 个挂耳支撑，挂耳高度为挂耳底板宽度的 2 倍左右，底板宽度和长度根据安装要求确定，其结构如图 3-5 所示。在其他行业，搅拌槽槽体一般为带活动槽盖的开放式结构，槽体高度与槽体内径相同。对大型搅拌槽槽体，为防止槽体胀肚，常在槽体外部布置环向和纵向加强筋以增大槽体刚度。槽体焊缝高度与槽体板厚基本相当，大型槽体的结构如图 3-6 所示。

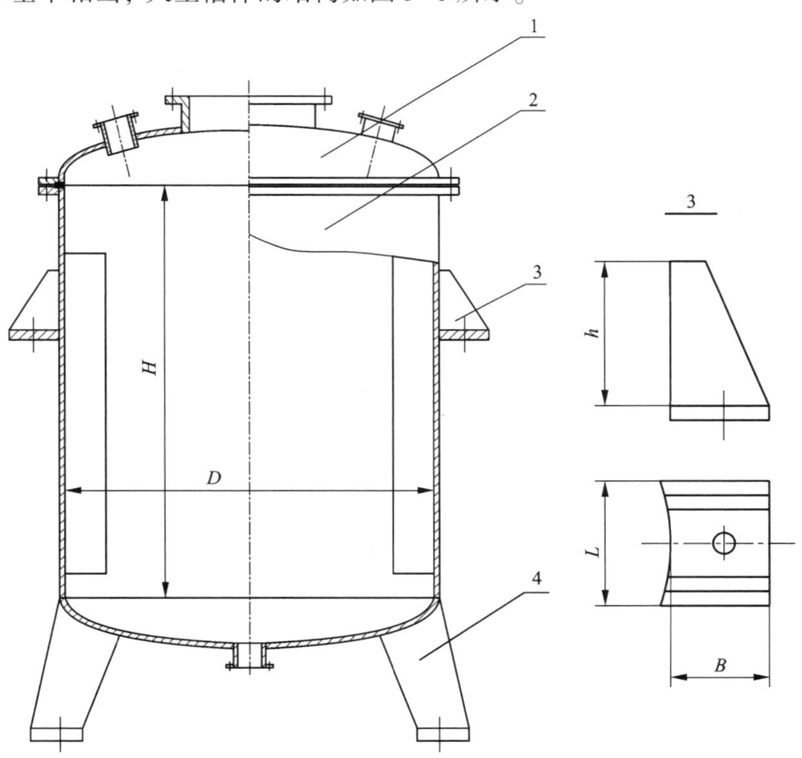

图 3-5　搅拌反应釜釜体

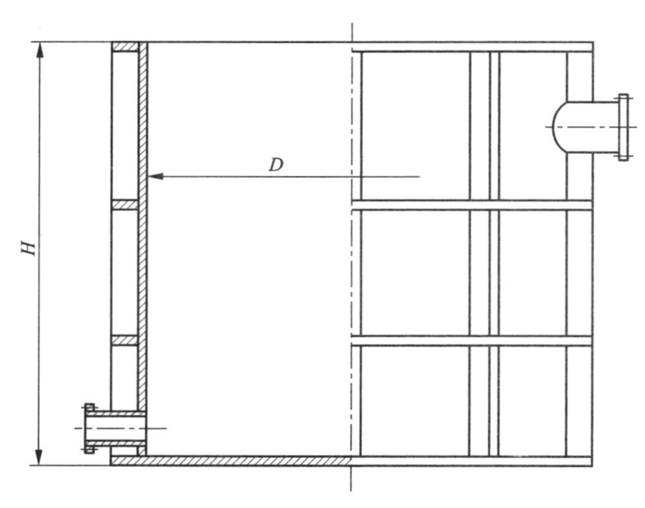

图 3-6 大型搅拌槽槽体

(2)挂耳强度的校核

某搅拌反应釜用4个均匀分布的挂耳支撑，其整体重量为 W，釜内浆体重量为 G。搅拌反应釜正常运转时，假设4个挂耳受力一致，动载系数取2，则每个挂耳所受的力 F 为：

$$F=\frac{g(W+G)}{2} \tag{3-6}$$

假设焊缝高度等于板厚 b，焊接许用应力为 τ_0，安全系数 n 取2，则焊缝剪应力为：

$$\tau=\frac{F}{A}=\frac{g(W+G)}{4Hb\cos 45^\circ+2L\cos 45^\circ}=\frac{6.93(W+G)}{2bH+L}<\frac{\tau_0}{n}=0.5\tau_0 \tag{3-7}$$

3. CK 高效搅拌槽导流整流装置

CK系列高效矿浆搅拌槽导流整流装置由上部导流筒和下部导流器两部分组成，通常采用耐磨材料铸造而成。导流筒为上部带喇叭口的圆柱形回转体；导流器由外壁、均匀分布的流体通道和内置钟罩组成，其中流体通道表面形状原则上按最大速度梯度确定，为方便加工制造，通常以双曲面和圆弧面来代替。具体结构见图3-7所示。

高效搅拌槽的导流整流装置，其结构尺寸可按如下方法确定：导流筒的内径 D_1=搅拌器的直径 T+(50~120)，导流器的高度 H_1 根据槽体内沉降层的厚度确定，导流整流装置的总高度 H_2 为 $2H_1\leqslant H_2\leqslant 0.6H$（$H$ 为槽体高度），导流器的底径 D_0 为：

$$D_0=2\left[H_1+SR-\sqrt{H_1^2-(H_1-SR)^2}\right] \tag{3-8}$$

导流器下部出口流道的高度 h 根据过流截面积相等的原则确定，即

$$\frac{\pi}{4}(D_1^2-4SR^2)=\pi D_0 h$$

得：

$$h=\frac{D_1^2-4SR^2}{4D_0} \tag{3-9}$$

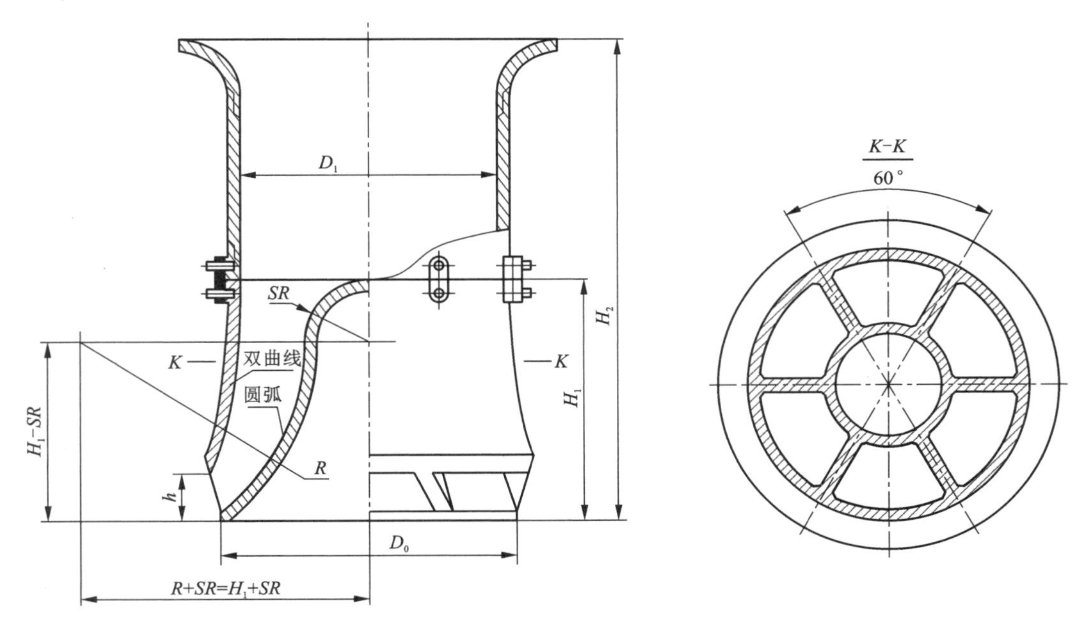

图 3-7　高效搅拌槽导流整流装置

导流整流装置与槽体间的体积流循环速度 v，根据单位时间内体积流量相等的原则可如下确定：

导流筒内的体积流量 Q 等于：

$$Q = \int_{\frac{d}{2}}^{\frac{T}{2}} \frac{\pi R n}{30} \cos\alpha \times 2\pi R \mathrm{d}R = \frac{\pi}{4}(D^2 - D_0^2)v$$

得：

$$v = \frac{\pi n}{90} \times \frac{(T^3 - d^3)}{(D^2 - D_0^2)} \tag{3-10}$$

式中：T 为搅拌轮直径(m)；d 为搅拌轮毂直径(m)；D 为搅拌槽槽体内径(m)；D_0 为导流器的底径(m)；n 为搅拌转速，r/min。

4. 搅拌轮距槽体底部高度的确定

在固-液悬浮搅拌系统中，为保证搅拌设备的正常运转，搅拌轮距离槽体底部的高度 h 必须大于槽体内固相颗粒物自由沉降 24 h 后的沉降层厚度，否则，沉降层将导致搅拌轮被埋没而造成设备无法启动。假设搅拌槽槽体内的物料性质为：固体颗粒的密度为 ρ；完全均匀悬浮时浆体浓度为 C_1，自由沉降 24 h 后沉降层的浓度为 C_2，根据沉降前后槽体内固体物料质量不变的原理，有：

$$h \geqslant H_0 \frac{C_1\left[1 + \left(\frac{1}{\rho} - 1\right)C_2\right]}{C_2\left[1 + \left(\frac{1}{\rho} - 1\right)C_1\right]} = 0.85H \frac{C_1\left[1 + \left(\frac{1}{\rho} - 1\right)C_2\right]}{C_2\left[1 + \left(\frac{1}{\rho} - 1\right)C_1\right]} \tag{3-11}$$

式中：H_0 为搅拌槽槽体的有效高度，$H_0 = 0.85H$(H 为槽体高度)。

3.2 搅拌系统的结构及其动力学分析研究

3.2.1 搅拌系统的结构

搅拌系统是搅拌设备的核心关键系统，通常由大皮带轮(输入联轴器)上下端盖、油封、轴承、轴承座、回转搅拌轴、搅拌轮、润滑用油杯和油嘴等组成。对大型搅拌槽设备，其搅拌轴采用分体式结构，用联轴器连接。皮带传动和减速箱传动的搅拌系统结构分别如图 3-8、图 3-9 所示。

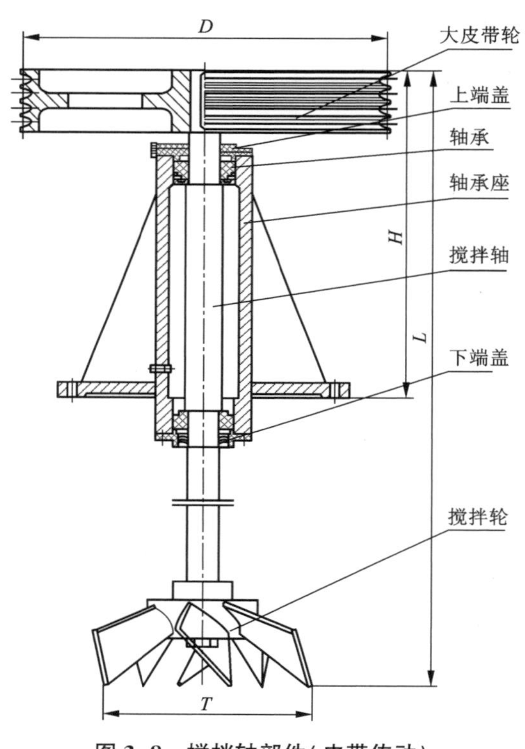

图 3-8　搅拌轴部件(皮带传动)

3.2.2 搅拌系统动力学分析

1. 简化力学模型的建立

在建立力学模型时，为方便计算，先对搅拌设备的搅拌系统进行以下基本假设和力学简化：

①搅拌系统的搅拌器完全浸没在液体中；

②不考虑搅拌槽进浆口、出浆口处的液体流动对搅拌系统受力的影响；

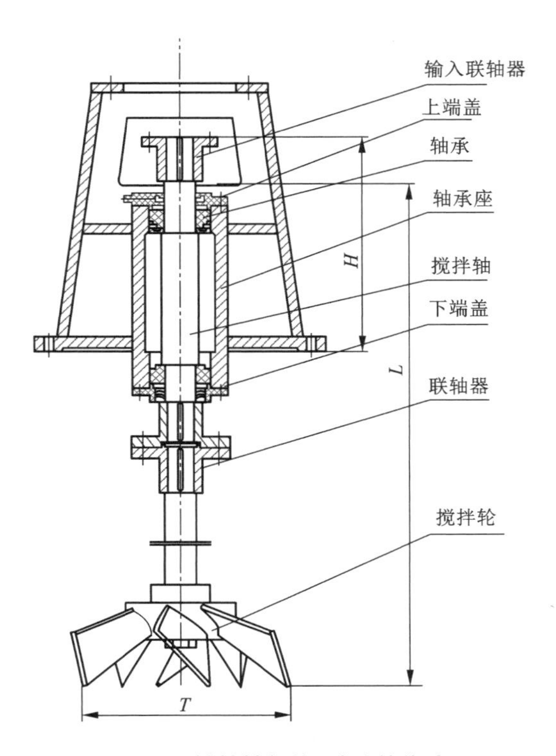

图 3-9　搅拌轴部件(减速箱传动)

③搅拌轴是刚性轴；

④不考虑搅拌系统的自重、流体对搅拌系统的浮力、密封部分作用在搅拌轴上的摩擦力和轴承的柔度对搅拌系统的影响；

⑤将搅拌系统的搅拌轴视为悬臂轴，轴承跨距间和外伸悬臂段均为等直径轴段，但二者的直径不一定相等；

⑥搅拌轴为同种材料制成，且不考虑温度变化对受力的影响。

据此，建立单叶轮搅拌系统简化力学模型和双叶轮搅拌系统简化力学模型。

2. 单叶轮搅拌系统受力分析

作用在搅拌系统搅拌轴和搅拌轮上的力主要有：流体对搅拌轮的作用力 F、由于搅拌轴同轴度误差及搅拌轮不平衡而产生的离心力 G_d 及其产生的扭矩(弯矩)等。搅拌轴上的输入扭矩 T_d 是动力源，用来克服阻力矩。简化后的力学模型如图 3-10 所示。

(1)流体作用力

如图 3-10 所示搅拌系统，搅拌主轴转速为 n，搅拌轮在流体中旋转将克服流体阻力而做功。对叶片均匀分布且完全浸没在流体中的搅拌轮，设搅拌轮直径为 T，轮毂直径为 d，叶片数量为 K 片，叶片宽度为 B，叶片迎浆面与水平面夹角为 θ，液体的密度为 ρ_L。在叶片上取微元 dr，根据牛顿定律，则微元面积上的法向作用力 dF_n 为：

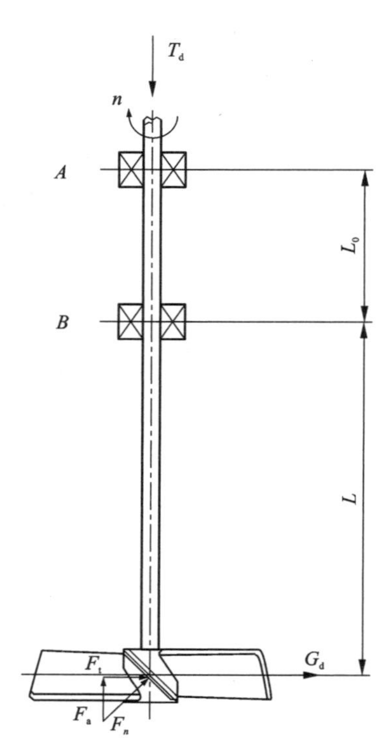

图 3-10　单叶轮搅拌系统

$$\mathrm{d}F_n = \rho_L F V^2 = \rho_L B \mathrm{d}r\left(\frac{r\pi n}{30}\right)^2 = \left(\frac{\pi n}{30}\right)^2 \rho_L B r^2 \mathrm{d}r \tag{3-12}$$

叶片上法向作用力的合力 F_n 为：

$$F_n = \int_{\frac{d}{2}}^{\frac{T}{2}} \mathrm{d}F_n = \frac{1}{24} \times \left(\frac{\pi n}{30}\right)^2 \rho_L B(T^3 - d^3) \tag{3-13}$$

轴向分力 F_a、切向分力 F_t 分别为：

$$F_a = F_n \sin\theta = \frac{1}{24}\left(\frac{\pi n}{30}\right)^2 \rho_L B(T^3 - d^3)\sin\theta \tag{3-14}$$

$$F_t = F_n \cos\theta = \frac{1}{24}\left(\frac{\pi n}{30}\right)^2 \rho_L B(T^3 - d^3)\cos\theta \tag{3-15}$$

微元切向力 $\mathrm{d}F_t$ 为：

$$\mathrm{d}F_t = \rho_L B r^2 \mathrm{d}r\left(\frac{\pi n}{30}\right)^2 \cos\theta = \left(\frac{\pi n}{30}\right)^2 \rho_L B r^2 \cos\theta \mathrm{d}r \tag{3-16}$$

对回转轴心的微元扭矩 $\mathrm{d}M_T$ 为：

$$\mathrm{d}M_T = r\mathrm{d}F_t = \left(\frac{\pi n}{30}\right)^2 \rho_L B r^3 \cos\theta \mathrm{d}r \tag{3-17}$$

则所有叶片切向力对转轴回转中心的总扭矩 M_T 为：

$$M_T = K\int_{\frac{d}{2}}^{\frac{T}{2}} \mathrm{d}M_T = \frac{1}{64}\left(\frac{\pi n}{30}\right)^2 \rho_L K B(T^4 - d^4)\cos\theta \tag{3-18}$$

由于搅拌轮的搅拌叶片均匀分布，因此流体作用力对回转轴下支点 B 的弯矩相互抵消。

(2)离心力 G_d

设搅拌轴的同轴度误差为 ε，搅拌轮不平衡偏心质量为 M kg，偏心距为 e，搅拌轴以转速 n 旋转时，则惯性离心力 G_d 为：

$$G_d = M\left(\frac{L}{L_0}\varepsilon + e\right)\left(\frac{\pi n}{30}\right)^2 = \left(\frac{\pi n}{30}\right)^2 M\left(\frac{L}{L_0}\varepsilon + e\right) \tag{3-19}$$

其对下轴承支点产生的弯矩 M_d 为：

$$M_d = G_d L \tag{3-20}$$

(3)搅拌轴输入扭矩 T_d

输入扭矩是动力的来源，驱动搅拌系统正常运转，因此，输入扭矩必须大于流体作用于搅拌轮上产生的阻力扭矩。设搅拌系统的输入功率为 N_d(kW)，搅拌轴转速为 n(r/min)，则输入扭矩 T_d 为：

$$T_d = 9550\frac{N_d}{n} \tag{3-21}$$

式中：N_d 为实际装机功率(kW)；n 为搅拌轴的转速(r/min)。

3.2.3　搅拌系统一阶临界转速 n_{cr} 及搅拌轴转速 n 的确定

1. 转轴挠度与转速的关系

对回转系统而言，回转轴的临界转速指的是回转轴的某些特定转速。当轴以这些转速或接近这些转速运转时，回转轴将产生剧烈振动，从而破坏设备的正常运转，严重时会造成轴承或整个回转系统的损坏。对任何一个回转系统而言，理论上回转轴的临界转速有无穷多个。轴的临界转速与轴的大小、形状、轴承的支撑形式、轴的材料、轴上零件的质量和布置有关，与轴的空间位置无关。工程实际中，主要对一阶临界转速进行校核，刚性轴的工作转速 n 应小于一阶临界转速 n_{cr} 的 0.75，即 $n<0.75n_{cr}$ 回转轴的挠度 y 与转速 n 的关系如图 3-11 所示。

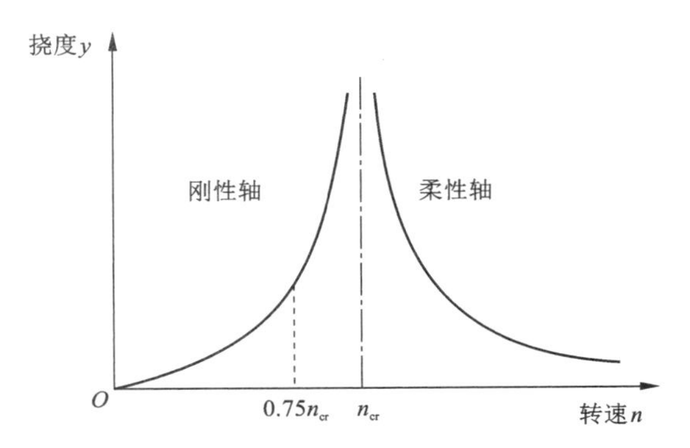

图 3-11　转轴挠度与转速的关系

2. 搅拌系统一阶临界转速 n_{cr1} 的确定

对多圆盘转子系统，因结构复杂及支承形式不同，要精确求解临界转速是较为困难的。工程实际中，通常用近似的计算方法来确定第一阶临界转速。近似计算方法主要有雷列(Rayleigh)能量法、等效质量法、经验公式法等。对搅拌槽设备而言，搅拌系统通常是由单个或两个搅拌轮组成。对双叶轮搅拌系统，可将其视为悬臂梁双搅拌轮回转系统，简化后的力学模型如图 3-12 所示。

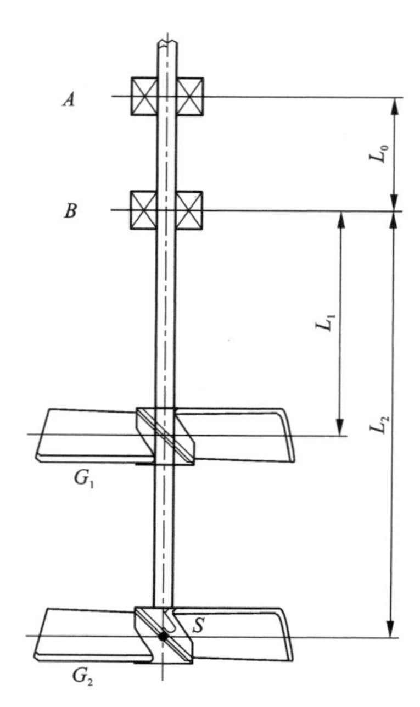

图 3-12　双叶轮搅拌系统

(1)利用雷列能量法求解一阶临界转速

回转轴系发生振动时，按能量守恒定律，其最大势能 U_{max} 与最大动能 T_{max} 相等，其最大势能为：

$$U_{max} = \frac{1}{2}\sum_{i=1}^{n}(G_iY_i) \tag{3-22}$$

最大动能为：

$$T_{max} = \frac{\omega_{cr}^2}{2g}\sum_{i=1}^{n}(G_iY_i^2) \tag{3-23}$$

根据能量守恒定律，有 $U_{max}=T_{max}$，整理可得：

$$\omega_{cr1} = \sqrt{g\frac{\sum_{i=1}^{n}(G_iY_i)}{\sum_{i=1}^{n}(G_iY_i^2)}} \tag{3-24}$$

式中：G_i 为简化后各圆盘的质量；Y_i 为各圆盘的振幅，即动力挠度，为简化计算，一般以静力挠度来代替。图 3-12 所示搅拌系统的静力挠度可代入下式求得：

$$Y_{si}=\sum_{i=1}^{n}\int_{0}^{L_i}\frac{MM_0}{EI}\mathrm{d}L \tag{3-25}$$

式中：Y_{si} 为变形处的静力挠度(m)；L_i 为第 I 轴段轴的长度(m)；M 为变形处受到的弯矩(N·m)；M_0 为单位力矩引起变形处的弯矩(N·m)；E 为材料的弹性模量，对于钢材 $E=2.1\times10^5$ MPa；I 为第 I 轴段轴的截面惯性矩(m^4)。

将静力挠度代入可得其一阶近似临界速度为：

$$n_{cr1}=\frac{60}{2\pi}\omega_{cr}=29.91\sqrt{g\frac{\sum_{i=1}^{n}(G_iY_{si})}{\sum_{i=1}^{n}(G_iY_{si}^2)}} \tag{3-26}$$

(2)利用等效质量法求解一阶临界转速

对图 3-12 所示双叶拌轮搅拌系统，按等效原理，把悬臂轴和轴上两个搅拌轮的质量，分别等效转化到轴与下搅拌轮中心的交点 S 上，得到一个集中的等效质量 W_e 来求解一阶临界转速。等效质量 W_e=悬臂轴的等效质量 W_0+上搅拌轮的等效质量 W_1+下搅拌轮本身的质量 G_2。

①悬臂轴的等效质量 W_0：

悬臂轴的等效质量等于轴自身质量的四分之一，即

$$W_0=\frac{1}{4}\rho\frac{\pi \mathrm{d}^2}{4}L_2=\frac{\pi\rho \mathrm{d}^2L_2}{16} \tag{3-27}$$

式中：ρ 为钢材的密度 7.81 g/mm^3；d 为搅拌回转轴的轴径(mm)；L_2 为悬臂轴的长度(mm)。

②上搅拌轮的等效质量 W_1：

对上搅拌器，根据转子动力学的观点，将其当作在悬臂轴轴端只有一个当量载荷 W 的系统来处理，其所临界转速为：

$$n_{cr1}=29.91\sqrt{\frac{3EI}{L_2^2(L_2+L_0)W}} \tag{3-28}$$

当悬臂轴为轴上装有质量为 G_1 的上搅拌轮时，其临界转速为：

$$n_{cr1}=29.91\sqrt{\frac{3EI}{L_1^2(L_1+L_0)G_1}} \tag{3-29}$$

假设当量载荷 W 和质量为 G_1 的上搅拌轮作用是等效的，则式(3-28)和式(3-29)计算得到的结果应相等，可得上搅拌轮的等效质量 W_1：

$$W_1=\frac{(L_1+L_0)L_1^2}{(L_2+L_0)L_2^2}G_1 \tag{3-30}$$

③总的等效质量 W_e：

$$W_e=W_0+W_1+G_2=\frac{\pi\rho \mathrm{d}^2L_2}{16}+\frac{(L_1+L_0)L_1^2}{(L_2+L_0)L_2^2}G_1+G_2 \tag{3-31}$$

④一阶临界转速 n_{cr1}：

$$n_{cr1}=29.91\sqrt{\frac{3EI}{L_2^2(L_2+L_0)W_e}} \tag{3-32}$$

(3)利用经验公式法求解一阶临界转速

对图 3-12 所示双叶轮搅拌系统，其一阶临界转速的经验公式为：

$$n_{cr1} = 60 \times \frac{5.1836 \times 10^4 d^2}{L_2 \sqrt{(L_2 + L_0) W_e}} = 3.1 \times \frac{10^6 d^2}{L_2 \sqrt{(L_2 + L_0) W_e}} \tag{3-33}$$

3. 搅拌轴转速 n 的确定

在第一章的分析中，我们发现，在气-液、液-液、固-液及气-固-液相系的搅拌过程中，要达到较好的搅拌效果，实现气-液、液-液相系的充分弥散混合和固体颗粒的均匀悬浮，只有在搅拌转速大于固-液悬浮临界转速 n_c 时才能实现。特别是在固-液相系的悬浮搅拌过程中，由于固体颗粒的大小、形状变化大，搅拌轴的实际转速 n 通常取固-液悬浮临界转速 n_c 的 1.15~1.2 倍，为避免设备运行时发生共振，导致设备无法正常运转，搅拌轴的实际转速 n 不得大于搅拌系统的一阶临界转速 n_{cr1} 的 0.75。即搅拌轴的转速 n 必须满足如下要求：

$$(1.15 \sim 1.2) n_{cr1} = n < 0.75 n_{cr1} \tag{3-34}$$

3.2.4 搅拌系统主要零件的设计计算

1. 搅拌轴轴径 d 的确定

对单叶轮搅拌系统，其简化的力学模型如图 3-10 所示，按弯扭组合来计算搅拌轴的轴径。搅拌轴受流体阻力扭矩和弯矩的作用，最大阻力扭矩出现在设备的启动过程。设备正常启动，输入扭矩必须大于最大阻力扭矩，因此，计算搅拌轴的轴径时，以输入扭矩 T_d 来代替最大阻力扭矩。因搅拌叶片均匀对称布置，流体作用于搅拌叶片的力对下支点 B 产生的弯矩相互抵消，最大弯矩 M_d 仅考虑搅拌轮不平衡偏心质量以转速 n 旋转时产生的惯性离心力 G_d 对下轴承支点 B 的力矩。最大弯矩 M_d 和输入扭矩 T_d 可按式(3-20)、式(3-21)计算。

最大弯曲应力 σ_{max} 为：

$$\sigma_{max} = \frac{M_d}{W} \tag{3-35}$$

最大剪切应力 τ_{max} 为：

$$\tau_{max} = \frac{T_d}{W_p} \tag{3-36}$$

等效组合应力 σ 为：

$$\sigma = \sqrt{\sigma_{max}^2 + (\varepsilon \tau_{max})^2} \leqslant [\sigma_{-1}] \tag{3-37}$$

式中：ε 为载荷性质系数，对搅拌设备的搅拌系统而言，按脉动载荷处理，其值为 0.7；W 和 W_p 是搅拌轴的抗弯截面模量和抗剪切截面模量，分别为：

$$W = \frac{\pi d^3}{32} \tag{3-38}$$

$$W_p = \frac{\pi d^3}{16} \tag{3-39}$$

将式(3-38)、式(3-39)代入式(3-37)，可得：

$$d \geqslant \sqrt{\frac{16[4M_{\mathrm{d}}^{2}+(\varepsilon T_{\mathrm{d}})^{2}]}{\pi[\sigma_{-1}]}} \tag{3-40}$$

式中：$[\sigma_{-1}]$为材料的许用应力，可由材料手册查到。

按强度求得满足应力要求的最小轴径 d 后，还需对搅拌系统进行一阶临界转速的校核，如不能满足 $n<0.75n_{\mathrm{cr1}}$ 的要求，则需加大搅拌轴的直径直至满足强度、刚度的要求。

2. 搅拌轮的强度计算

计算搅拌轮的强度，主要目的是确定搅拌叶片的厚度。它通常是在确定了搅拌系统的相关动力学参数(如搅拌速度、最大搅拌功率等)和搅拌轮的具体结构后，对搅拌叶片进行的强度校核。搅拌轮有多种结构型式，本节只讨论平直叶片搅拌轮、平直斜叶片搅拌轮及螺旋桨搅拌轮等几种常用结构的强度计算，并作如下假设：

①搅拌叶片在搅拌轮上均匀对称布置；

②搅拌功率由各搅拌叶片均匀分担，不存在偏载等情况；

③不考虑叶片离心力对叶片强度的影响；

④把叶片当作悬臂梁处理。

(1)平直叶片搅拌轮桨叶的强度计算

平直叶片搅拌轮的结构如图 3-13 所示，设搅拌轮直径为 T，轮毂直径为 d，叶片数量为 K，叶片与轮毂连接处的厚度为 H，宽度为 B。以实际装机功率 N_{d} 来进行强度计算，则每个叶片根部所受到的最大弯矩 M 为：

$$M = 9550\frac{N_{\mathrm{d}}}{Kn} \tag{3-41}$$

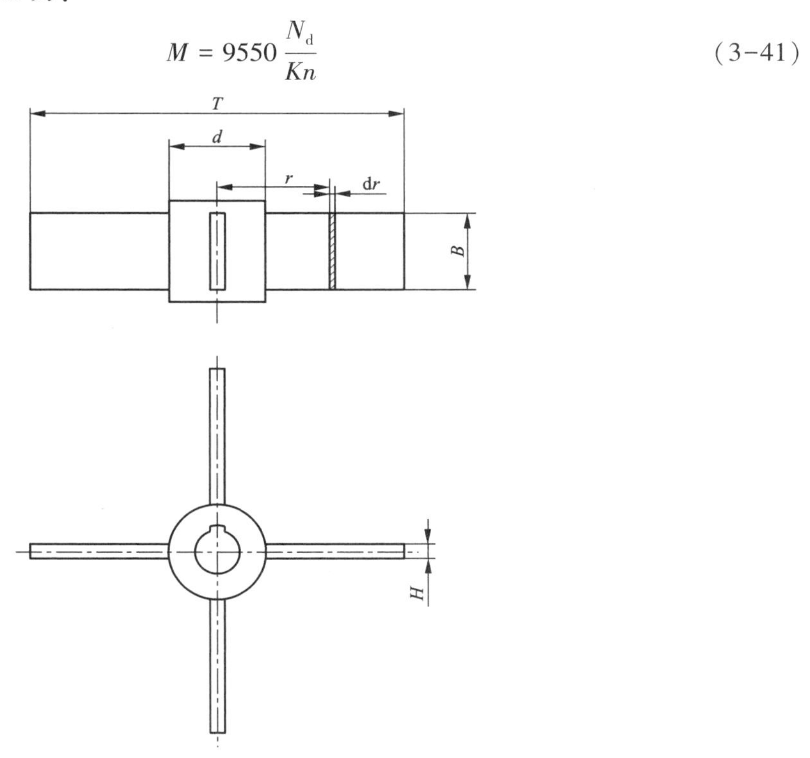

图 3-13　平直叶片搅拌轮

实际上，装机功率是按最大阻力扭矩并考虑了一定的富余系数确定的，因此以装机功率来进行强度计算。尽管与叶片的实际受力情况并不完全相符，但用于叶片的强度核算是可接受的。进行精确计算时，可对叶片进行受力分析，为此，在叶片上取微元，根据牛顿定律，微元面积上流体的法向作用力 $\mathrm{d}F_n$ 为：

$$\mathrm{d}F_n = \rho_{\mathrm{L}} A V^2 = \rho_{\mathrm{L}} B \mathrm{d}r \left(\frac{r\pi n}{30}\right)^2 = \left(\frac{\pi n}{30}\right)^2 \rho_{\mathrm{L}} B r^2 \mathrm{d}r \tag{3-42}$$

则流体法向作用力对叶片根部的弯矩 M 为：

$$M = \int_{\frac{d}{2}}^{\frac{T}{2}} r \mathrm{d}F_n = \frac{1}{24} \times \left(\frac{\pi n}{30}\right)^2 \rho_{\mathrm{L}} B (T^3 - d^3) \tag{3-43}$$

最大弯曲应力为：

$$\sigma_{\max} = \frac{M}{W} \leqslant [\sigma_{-1}] \tag{3-44}$$

W 为抗弯截面模量，

$$W = \frac{BH^2}{6} \tag{3-45}$$

将弯矩 M、抗弯截面模量 W 代入式(3-44)，可得：

$$H \geqslant \sqrt{\frac{6M}{B[\sigma_{-1}]}} = \frac{\pi n}{60}\sqrt{\frac{\rho_{\mathrm{L}}(T^3 - d^3)}{[\sigma_{-1}]}} \tag{3-46}$$

(2)平直斜叶片搅拌轮桨叶的强度计算

平直斜叶片搅拌轮的结构如图 3-14 所示，设搅拌轮直径为 T，轮毂直径为 d，叶片数量为 K，叶片与轮毂连接处的厚度为 H，宽度为 B_0，叶片为可变宽度，叶片中心面与水平面的

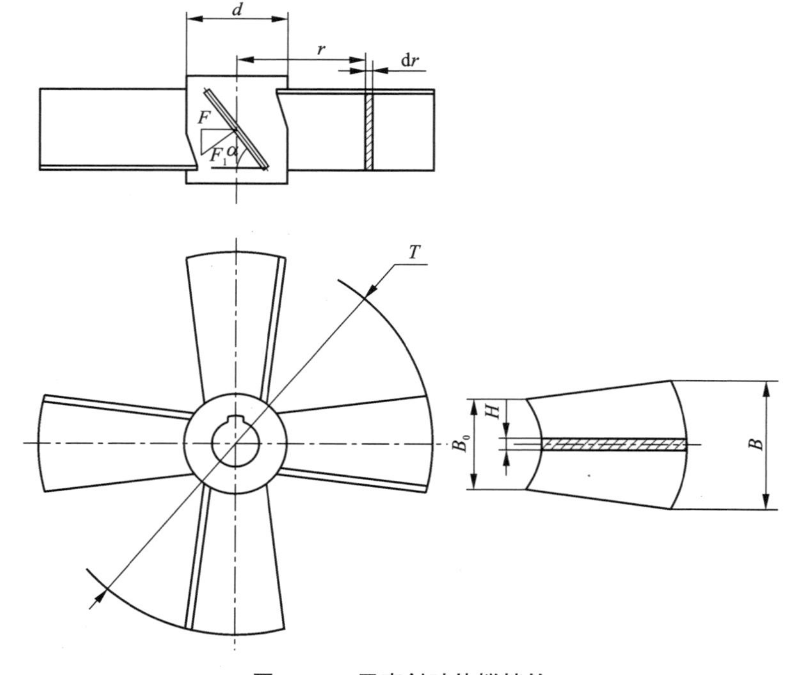

图 3-14 平直斜叶片搅拌轮

夹角为 α。关于该种形式的搅拌轮，仍可按平直叶片搅拌轮的方法进行叶片的强度计算，只是要考虑倾角等的影响。此时，驱动扭矩主要克服切向力产生的扭矩 T_D，因此，每个叶片根部所受到的最大弯矩 M_T 为：

$$M_T = \frac{T_D}{\sin\alpha} = \frac{9550}{\sin\alpha}\frac{N_d}{Kn} \tag{3-47}$$

距搅拌轮中心 r 处的微元叶片宽度 B_r 为：

$$B_r = B_0 + 2\frac{B - B_0}{T - d}(r - 0.5d) \tag{3-48}$$

微元面积上流体的法向作用力为：

$$\begin{aligned} \mathrm{d}F_n &= \rho_L A V^2 = \rho_L B_r \mathrm{d}r\left(\frac{r\pi n}{30}\right)^2 \\ &= \left(\frac{\pi n}{30}\right)^2 \rho_L \left[B_0 + 2\frac{B - B_0}{T - d}(r - 0.5d)\right] r^2 \mathrm{d}r \end{aligned} \tag{3-49}$$

流体法向作用力对叶片根部的弯矩 M_n 为：

$$\begin{aligned} M_n &= \int_{\frac{d}{2}}^{\frac{T}{2}} r\mathrm{d}F_n \\ &= \left(\frac{\pi n}{30}\right)^2 \rho_L \left\{\frac{1}{24}\left[B_0 - \frac{d(B - B_0)}{T - d}\right](T^3 - d^3) + \frac{B - B_0}{32(T - d)}(T^4 - d^4)\right\} \end{aligned} \tag{3-50}$$

最大弯曲应力 σ_{max} 为：

$$\sigma'_{max} = \frac{M}{W} \leqslant [\sigma_{-1}] \tag{3-51}$$

W 为抗弯截面模量，

$$W = \frac{B_0 H^2}{6} \tag{3-52}$$

将抗弯截面模量 W 代入式(3-51)，可得：

$$H \geqslant \sqrt{\frac{6M}{B[\sigma_{-1}]}} \tag{3-53}$$

(3)螺旋桨搅拌轮桨叶的强度计算

螺旋桨搅拌轮的结构如图 3-15 所示，设搅拌轮直径为 T，轮毂直径为 d，3 个叶片。对这种特殊形式的桨叶进行精确的强度计算是困难的，通常以实际装机功率 N_d 为依据，借用船用螺旋桨的近似实用方法来计算。桨叶与轮毂连接处为危险截面，其截面形状如图 3-16 所示。流体对桨叶的法向作用为 F_n，其轴向分力为 F_a，切向分力为 F_t，轴向分力和切向分力分别作用于桨叶半径 R 的 k_1R 和 k_2R 处。其中，k_1、k_2 取决于螺距 S 与螺旋桨搅拌器直径 T 的比值，$k_1=0.65$，$k_2=0.7$。近似计算时通常取 $k=k_1=k_2=0.7$，视两力的作用点相同。轴向力 F_a 和切向力 F_t 可按如下公式求得：

$$F_a = \frac{2895N_d}{3Sn} = 965\frac{N_d}{Sn} \tag{3-54}$$

$$F_t = \frac{1052.8N_d}{3kTn} = 501.3\frac{N_d}{Tn} \tag{3-55}$$

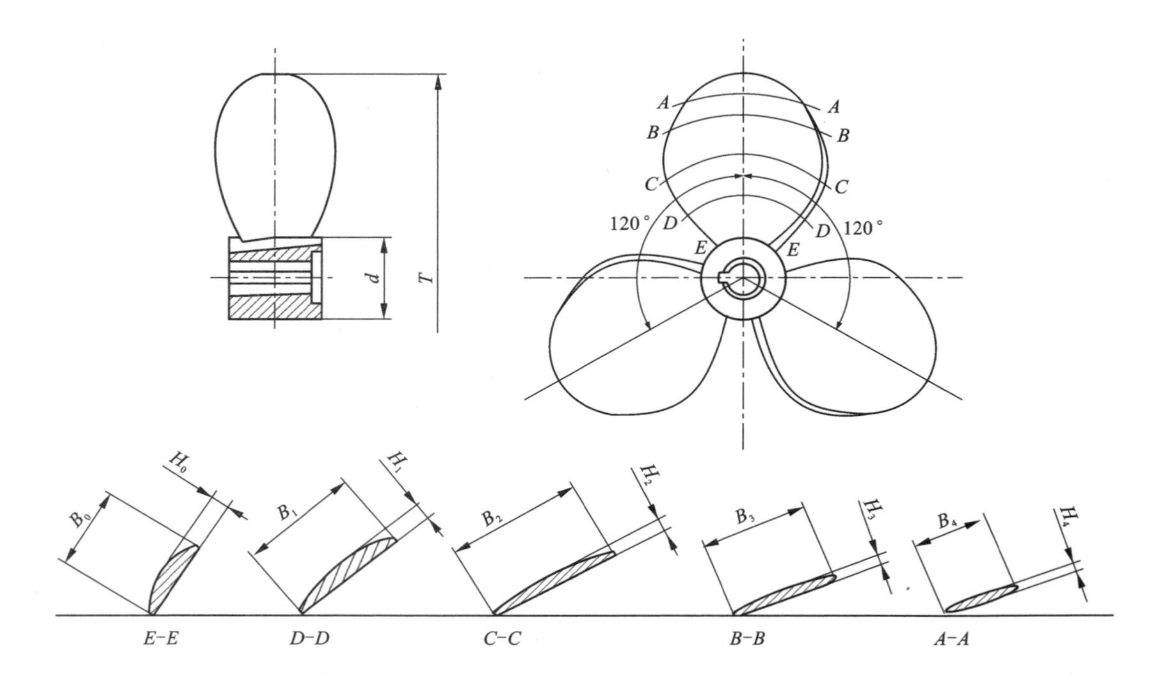

图 3-15　螺旋桨搅拌轮

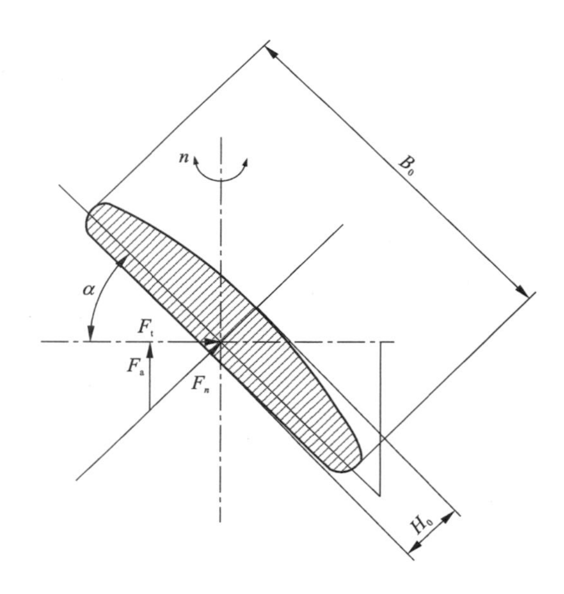

图 3-16　螺旋桨叶片根部截面形状

切向力 F_t 对叶片根部的弯矩为阻力扭矩 T_t，轴向力 F_a 对叶片根部的弯矩为 M_a，分别按如下公式求得：

$$T_t = F_t\left(k_2\frac{T}{2}-\frac{d}{2}\right) = 250.7(0.7T-d)\frac{N_d}{Tn} \tag{3-56}$$

$$M_a = F_a\left(k_1\frac{T}{2}-\frac{d}{2}\right) = 482.5(0.7T-d)\frac{N_d}{Sn} \tag{3-57}$$

式中：N_d 为装机功率（kW）；S 为螺距（mm）；T 为搅拌轮直径（mm）；d 为搅拌轮毂直径（mm）；n 为搅拌转速（r/min）。

等效组合弯矩 M 为：

$$M = \sqrt{(\varepsilon F_t)^2 + M_a^2} \tag{3-58}$$

式中：ε 是与载荷性质有关的校正系数，对对称循环载荷，$\varepsilon=1$；对脉动循环载荷，$\varepsilon=0.7$；恒载荷时，$\varepsilon=0.65$。

设叶片与轮毂连接处弓形断面的厚度为 H_0，宽度为 B_0，将其近似按矩形截面处理，则抗弯截面模量 W 为：

$$W = k\frac{B_0H_0{}^2}{6} = \frac{2B_0H_0^2}{15} \tag{3-59}$$

式中：k 为几何系数，通常取 $k=0.8$。

最大弯曲应力为：

$$\sigma_{max} = \frac{M}{W} \leqslant [\sigma_{-1}] \tag{3-60}$$

将抗弯截面模量 W 代入式（3-60），可得：

$$H \geqslant \sqrt{\frac{15M}{2B[\sigma_{-1}]}} \tag{3-61}$$

式中：$[\sigma_{-1}]$ 为材料的许用应力，可由材料手册查到。

如叶片厚度不能满足强度的要求，则应通过增加叶片厚度或布置加强筋等措施来解决。通常搅拌桨叶片的厚度按等强度梁结构来设计，以减小离心力对桨叶强度的影响。

3. 轴承寿命的校核

对搅拌系统而言，一般选用滚子轴承，其下轴承承受的轴向力 F_a 等于搅拌系统中搅拌轴、搅拌轮与其他附件的重力减流体对搅拌叶片的轴向分力，假设搅拌轴轴径为 d，搅拌轮与其他附件重 W，则重力 G 为：

$$G = \left(\frac{\pi\rho Ld^2}{4} + W\right)g \tag{3-62}$$

从而有：

$$F_a = G - F_n\sin\alpha = G - \frac{1}{24}\left(\frac{\pi n}{30}\right)^2\rho_L B(d^3 - d_0^3)\sin\alpha \tag{3-63}$$

下轴承承受的径向力 F_r 为：

$$F_r = \frac{(L+L_0)}{24L_0}\left(\frac{\pi n}{30}\right)^2\rho_L B(d^3 - d_0^3)\cos\alpha \tag{3-64}$$

轴承当量载荷 P 为：

$$P = XF_a + YF_r \tag{3-65}$$

式中：X、Y 分别是推力滚子轴承的轴向和径向动载系数，$X=0.4$，$Y=1.5$，轴承寿命 f 为：

$$f = \frac{10^6}{60n}\left(\frac{C}{P}\right)^{\varepsilon} \tag{3-66}$$

式中：n 为轴承工作转速，等于搅拌轴的转速(r/min)；P 为轴承当量载荷；C 为轴承额定动载荷，可由轴承样本手册查到；ε 为轴承寿命系数，对滚子轴承，$\varepsilon=10/3$。

第 4 章
提升搅拌槽和全尾砂胶结充填高浓度搅拌槽

4.1　提升搅拌槽

4.1.1　提升搅拌槽的结构及工作原理

在选矿、湿法冶金及稀贵金属的浸出作业中，常因场地等原因导致设备配置时矿浆自流高差不足，或是自流高差相差较少又不宜泵送时，可选用矿浆提升搅拌槽。提升搅拌槽主要由传动系统、搅拌轴部件、大梁槽体、承浆体、进料管等组成。其工作原理是：矿浆从进料管进入到承浆体后，高速旋转的提升搅拌叶轮对承浆体内的矿浆产生泵吸效果，搅拌的同时把矿浆提升到一定的高度。从本质上来讲，提升搅拌槽相当于大流量低扬程泵的作用。提升搅拌槽的提升高度一般在 1.2 m 左右，结构及工作原理如图 4-1 所示。

4.1.2　提升搅拌槽最大转速及提升量的确定

1. 等速旋转容器内液体的超高

设内盛液体的直立圆筒，以等转速 n 绕其中心轴旋转。开始时，仅有紧靠筒壁的液体质点随筒体旋转，一定时间后，全部液体都随筒体以转速 n 绕其中心轴旋转，达到相对平衡状态，如图 4-2 所示。图中单位质量质点 A，其受到重力和离心惯性力的作用，合力在各坐标轴上的分力为：

$$\begin{cases} X = x\omega^2 \\ Y = y\omega^2 \\ Z = -g \end{cases} \tag{4-1}$$

$$\omega = \frac{\pi n}{30} \tag{4-2}$$

式中：n 为转速(r/min)；ω 为旋转角速度。

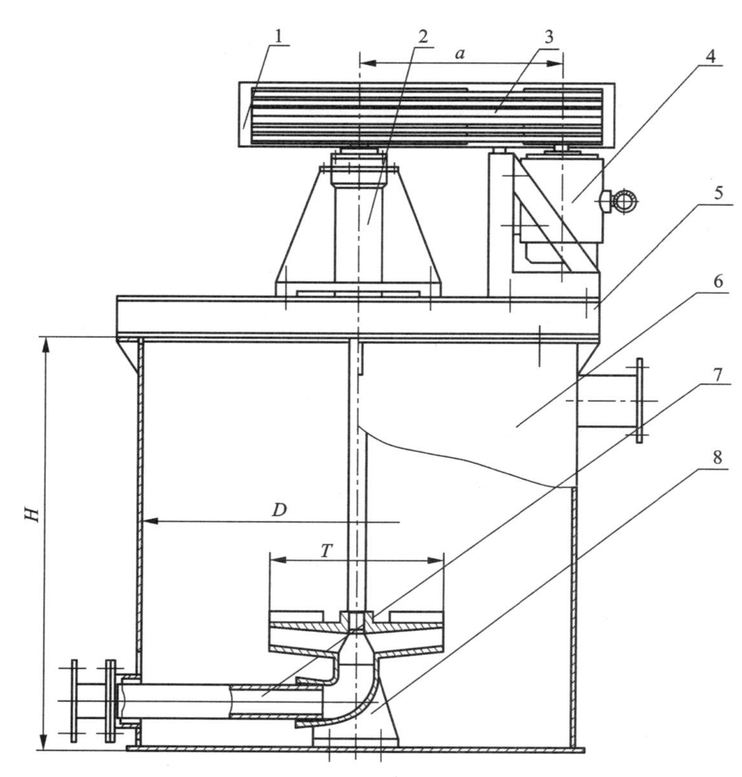

1—皮带罩；2—搅拌轴部件；3—传动皮带；4—电机；5—大梁；6—槽体；7—进料管；8—承浆体。

图 4-1 提升搅拌槽

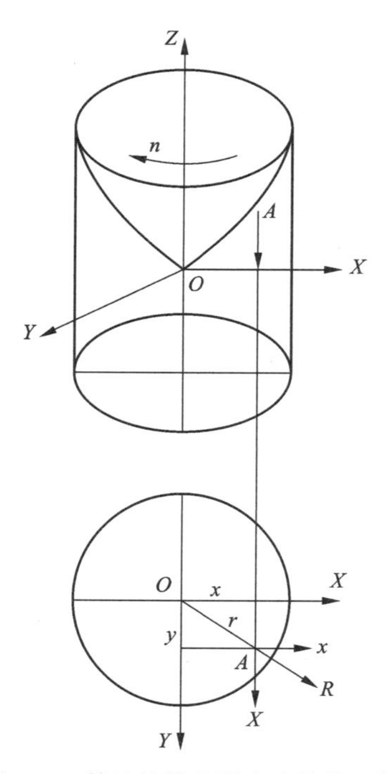

图 4-2 等速旋转容器内液体的平衡

平衡流体的等压面全微分方程为：

$$dp = \rho(Xdx + Ydy + Zdz) = 0 \tag{4-3}$$

式中：p 为等压面上的压强；ρ 为液体的密度。

将式(4-1)代入式(4-3)中，即：

$$x\omega^2 dx + y\omega^2 dy - gdz = 0$$

积分得到：

$$\frac{x^2\omega^2}{2} + \frac{y^2\omega^2}{2} - gz = c \tag{4-4}$$

因

$$x^2+y^2=r^2$$

式(4-4)简化为：

$$\frac{r^2\omega^2}{2} - gz = c \tag{4-5}$$

可见，它是一簇绕中心轴旋转的抛物面。当 $r=0$ 时，$z=0$，有 $c=0$，得到自由面的方程为：

$$\frac{r^2\omega^2}{2} - gz = 0 \tag{4-6}$$

等价于：

$$z = \frac{r^2\omega^2}{2g} \tag{4-7}$$

式(4-7)中的 z 是由于离心惯性力引起的，称为超高。可见，在自由液面上，各液体质点的超高与其所在处离旋转中心轴距离的平方成正比，距离越远，其超高越大。提升搅拌槽即是依据此原理实现矿浆提升的。

2. 提升搅拌槽转速及提升体积量的确定

提升搅拌槽的工作原理如图4-3所示，设其槽体高度为 H，槽体内径为 D，溢流管中心高为 h，提升搅拌轮结构如图4-4所示，其直径为 T，上端面距离槽体底面高度为 H_0，搅拌转速为 n。正常运转时，必须满足如下两个方面的要求：

①为了保证液体不从槽体中溢出，则最大液面高度不能大于槽体高度，即

$$H_1 + H_0 \leqslant H \tag{4-8}$$

②提升搅拌叶轮的上端面必须完全淹没在液面之下，即

$$H - H_1 \geqslant H_0 \tag{4-9}$$

比照式(4-8)和式(4-9)，可以发现两式与式(4-10)等价：

$$H_1 \leqslant H - H_0 \tag{4-10}$$

式中：H_1 是最大超高，它由两部分组成，即等速旋转容器内流体的超高以及搅拌轮出口处流体速度在 Z 轴方向的分量引起的液面抬升，即

$$H_1 = \frac{r^2\omega^2}{2g} + \frac{V_z^2}{2g} = \frac{D^2\omega^2}{8g} + \frac{T^2\omega^2(\sin\beta)^2}{8g} \tag{4-11}$$

离旋转中心轴距离 r 处的液体超高 z 为：

$$z = \frac{r^2\omega^2}{2g} + \frac{V_z^2}{2g} = \frac{r^2\omega^2}{2g} + \frac{T^2\omega^2(\sin\beta)^2}{8g} \tag{4-12}$$

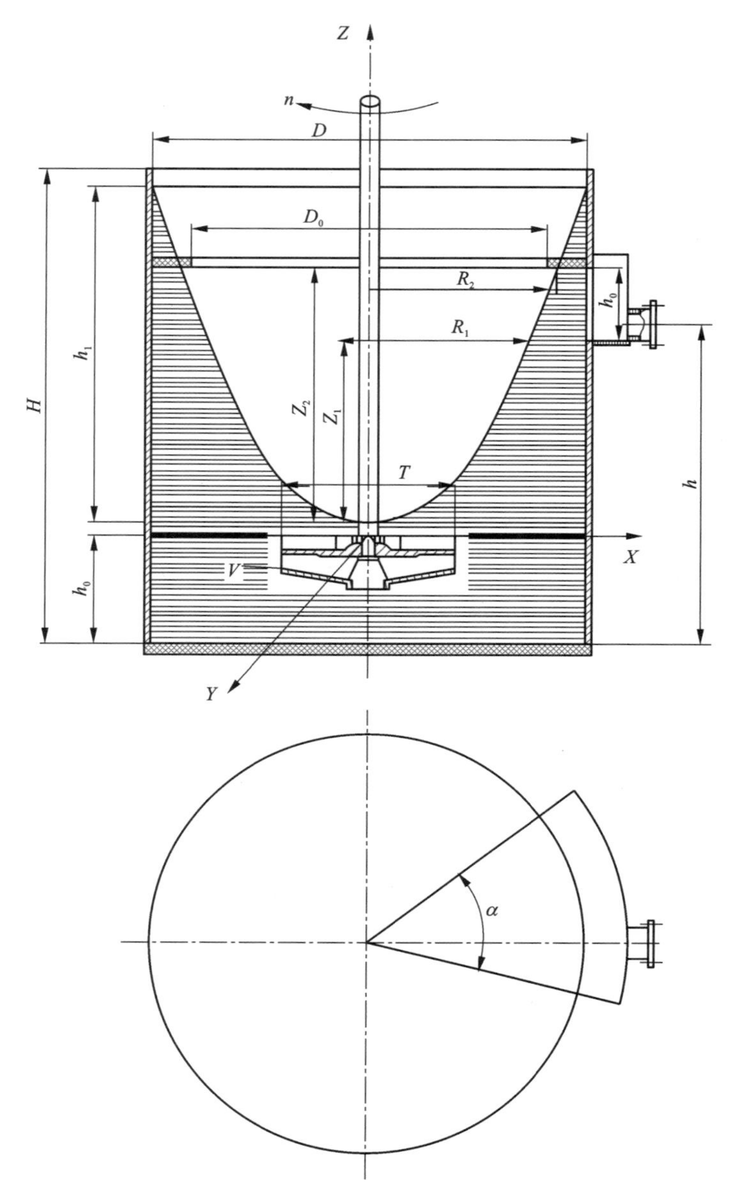

图 4-3 提升搅拌槽工作原理

式中：T 为提升搅拌轮直径(m)；D 为搅拌槽槽体内径(m)；H_0 为提升搅拌轮安装高度(m)；n 为提升搅拌轮转速(r/min)；ω 为旋转角速度(s^{-1})；g 为重力加速度(m/s^2)；β 为搅拌轮流道倾角。

当液面与槽体上端平齐且旋转抛物面的顶点与搅拌轮上端面中心重合，即 $H_0+H_1=H$，$R=0.5D$ 时，将式(4-10)代入式(4-12)，可得到槽体无盖板时的最大旋转速度 ω_{1max} 如下：

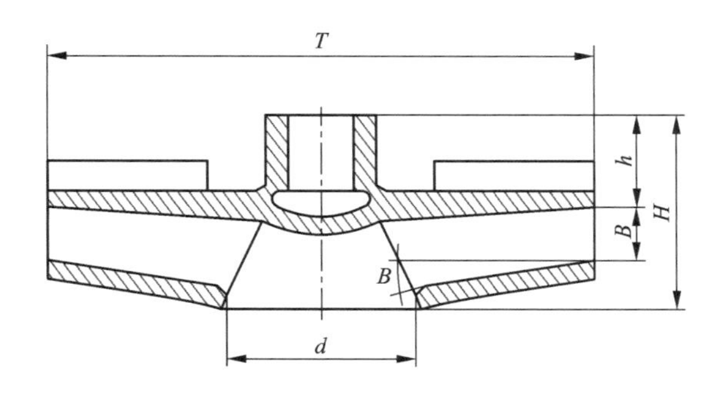

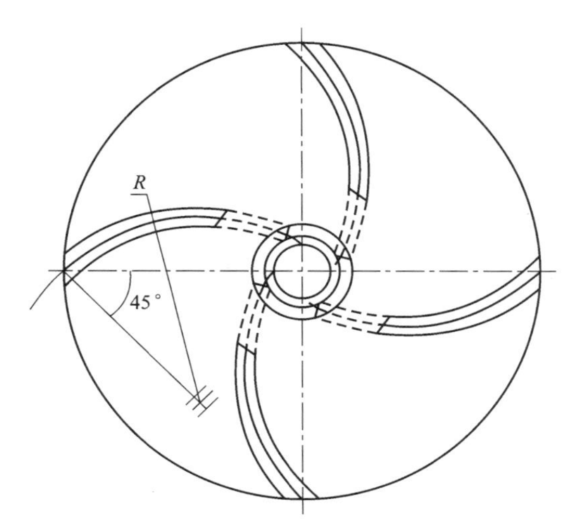

图 4-4　提升搅拌轮结构

$$\omega_{1\max} = \sqrt{\frac{8g(H - H_0)}{D^2 + T^2(\sin\beta)^2}} \tag{4-13}$$

对应的最大转速 $n_{1\max}$ 为：

$$n_{1\max} = \frac{\pi\omega_{1\max}}{30} \tag{4-14}$$

可见，提升搅拌槽的最大旋转速度仅与搅拌槽槽体及搅拌轮的结构尺寸有关。但必须指出的是，上面的讨论是基于槽内液体与搅拌主轴同速旋转的假设条件下进行的。实际上，由于槽体内壁的摩擦及其他原因，槽内液体的旋转会慢一些，只有在极限情况下才能发生同速旋转的现象。为了避免液体溢出情况的发生，提升搅拌槽通常在槽体上部溢流口处加设有环形挡圈，用来抑制槽内流体的超高。环形挡圈通常距离槽体顶面为 0.15 倍槽体高度 H，当自由液面与中心轴的距离 R 小于环形挡圈的半径时，则有可能发生溢面溢出；大于环形挡圈的半径时，则不可能发生溢面溢出；等于环形挡圈的半径时，可实现提升量最大。此时：

$$R_2 = 0.5D_0,\ Z_2 = 0.85H - H_0$$

R_2、D_0、Z_2 见图 3-4 所示。

其对应的最大旋转速度为：

$$\omega_{max}=\sqrt{\frac{8gZ_2}{D_0^2+T^2(\sin\beta)^2}}=\sqrt{\frac{8g(0.85H-H_0)}{D_0^2+T^2(\sin\beta)^2}} \tag{4-15}$$

因图 4-3：

$$Z_1=Z_2-h_0=0.85H-H_0-h_0$$

$$R_1=\sqrt{\frac{(0.85H-H_0-h_0)[D_0^2+T^2(\sin\beta)^2]}{4(0.85H-H_0)}}$$

溢流区环形扇面体液体的体积为：

$$\begin{aligned}Q&=\int_{Z_1}^{Z_2}\mathrm{d}z\int_{R_1}^{R_2}\left(\frac{r^2\omega_{max}^2}{2g}+\frac{T^2\omega_{max}^2(\sin\beta)^2}{8g}\right)\mathrm{d}r\int_0^{\frac{\pi\alpha}{180}}\mathrm{d}\alpha\\&=(Z_2-Z_1)\frac{\pi\alpha}{180}\frac{\omega_{max}^2}{2g}\left[\frac{1}{3}(R_2^3-R_1^3)+\frac{T^2}{4}(R_2-R_1)\right]\\&=h_0\frac{\pi\alpha}{180}\frac{\omega_{max}^2}{2g}\left[\frac{1}{3}(R_2^3-R_1^3)+\frac{T^2}{4}(R_2-R_1)\right]\end{aligned} \tag{4-16}$$

其每小时提升溢流量最大为：

$$\begin{aligned}Q_{max}&=3600\times\frac{n_{max}}{60}Q=2\pi\omega_{max}Q\\&=\frac{h_0\pi^2\alpha\omega_{max}^3}{180}\left[\frac{1}{3g}(R_2^3-R_1^3)+\frac{T^2}{4g}(R_2-R_1)\right]\\&=0.05h_0\alpha\left[\frac{1}{3g}(R_2^3-R_1^3)+\frac{T^2}{4g}(R_2-R_1)\right]\omega_{max}^3\end{aligned} \tag{4-17}$$

4.1.3 提升搅拌轮

提升搅拌轮的作用类似于水泵叶轮的作用，其结构如图 4-4 所示。通常 $B=(0.1\sim0.13)T$，$R=(0.4\sim0.45)T$，设有四个或六个流道。由于提升搅拌槽的工作转速较高，因而对提升搅拌轮的平衡性和耐磨性有较高要求，通常用耐磨合金铸钢来制造。

4.1.4 提升搅拌槽功率的确定

提升搅拌轮旋转时，其作用与离心泵叶轮相似，既使浆体流动，同时又产生压头。体积流量 Q、压头 H_v 和功率 N 之间的关系为：

$$N=QH\rho g \tag{4-18}$$

其中，压头 H_v 及体积流量 Q 分别为：

$$H_v=f\frac{r^2\omega^2}{2g}=f\frac{T^2\omega^2}{8g} \tag{4-19}$$

$$Q=vS=\frac{T}{2}\omega\pi TB=\frac{\pi}{2}BT^2\omega \tag{4-20}$$

式中：N 为功率（N·m/s）；Q 为体积流量（m^3/s）；H 为压头（m）；f 为压头系数，$f=0.2\sim0.3$；ρ 为液体密度（kg/m^3）；g 为重力加速度，约为 9.81 m/s^2；T 为提升搅拌轮的直径（m）；B 为提升搅拌轮流道出口宽度，通常 $B=KT=(0.1\sim0.13)T$。

$$Q = vS = \frac{T}{2}\omega\pi TB = 0.06\pi T^3\omega \tag{4-21}$$

可得搅拌功率 N 为：

$$N = \frac{0.06f\rho\pi}{8}T^5\omega^3 \tag{4-22}$$

将 $\omega = \frac{\pi n}{30}$ 代入式(4-22)，得：

$$N = 5.9 \times 10^{-3}\rho T^5 n^3 \tag{4-23}$$

4.2　全尾砂胶结充填高浓度搅拌槽

4.2.1　概述

据不完全统计，目前全世界每年约采掘出 280 亿吨以上的矿岩，我国作为矿业大国，现有矿产地 18000 余处，尾矿库 12800 余座，年采掘量超过 50 亿吨，尾矿堆积总量近百亿吨，且以每年约 6 亿吨的速度增加，已成为我国排放量最大的工业废弃物，约占全国固体废弃物总量的 85%，传统的方法是将其堆积存放在尾砂库中。尾矿造成的地表水及大气粉尘污染，特别是尾砂库坝体的垮塌，造成国家和人民生命财产的巨大损失。随着国家生态文明建设及绿色可持续发展战略的实施，“绿水青山就是金山银山”的理念深入人心，对矿山尾矿的无害化处置及资源化综合利用提上重要议程。利用全尾砂充填采空区，实现尾矿“零排放”，在保护环境、保护资源、保证矿山可持续绿色发展等方面有着非常重要的意义。

4.2.2　高浓度搅拌槽的开发研制

1. 高浓度搅拌设备简介

国内高浓度搅拌设备的开发研究起步较晚，目前主要有北京有色冶金设计研究总院、长沙矿冶研究院、长沙矿山研究院等院所开展相关研究。高浓度搅拌设备主要有立式和卧式两种结构。双螺旋搅拌机和高速活化搅拌机均是卧式结构，其中双螺旋搅拌机的结构特点是采用非等螺距交叉组合的双螺旋叶片，通过变向齿轮使螺旋搅拌轴旋转，从而实现对高浓度料浆的搅拌制备；高速活化搅拌机搅拌转子盘固定于轴上，在转子盘径向上布置有多圈转子杆。转子盘的旋转，使料浆中的包裹状颗粒受到转子杆的碰撞而粉碎，从而制备出流动性好、浓度高的充填料浆。双螺旋搅拌机和高速活化搅拌机的结构如图 4-5、图 4-6 所示。

2. 立式高浓度搅拌槽开发研制

长沙矿冶研究院开发研制的高浓度搅拌槽，采用立式结构，其结构特点为搅拌系统采用双搅拌轮结构，上层为 4 斜叶片搅拌轮，下层为 6 叶片下掠式异形搅拌轮，槽体内设涡流挡板和导流整流锥。在旋转搅拌轮和涡流挡板及导流整流锥的作用下，槽内料浆流迹呈现上下的激烈循环，破坏尾砂和水泥的聚团，使尾砂、水泥、粉煤灰和水得到均匀混合和充分搅拌，

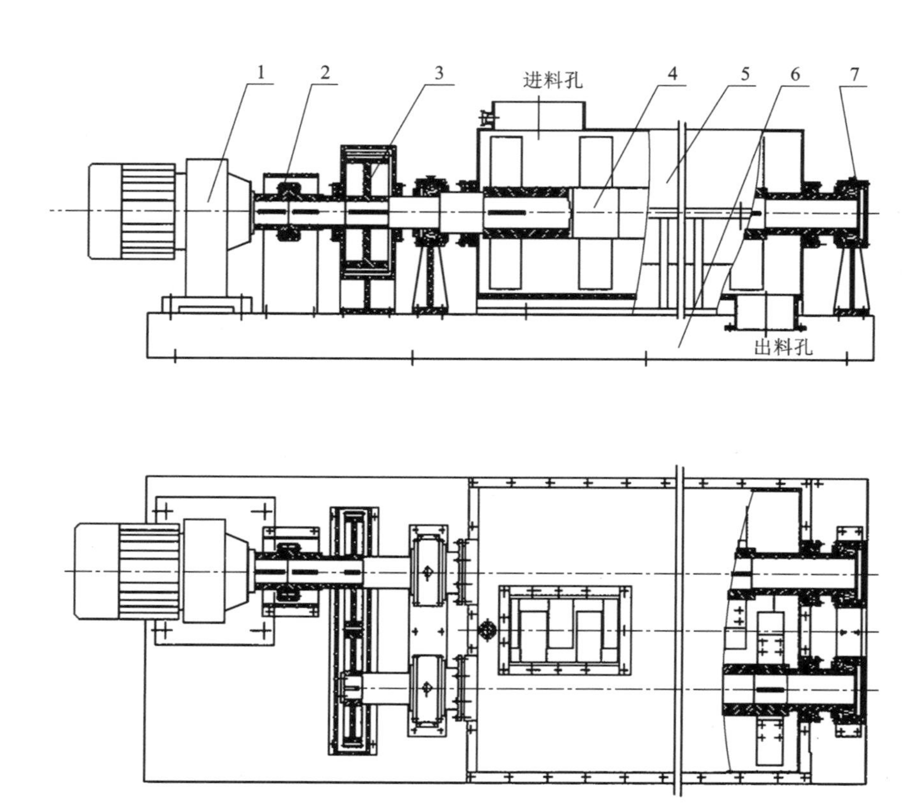

1—电机减速箱；2—联轴器；3—变向齿轮箱；4—螺旋轴；5—机壳；6—机座；7—轴承座。

图 4-5　卧式双螺旋搅拌机

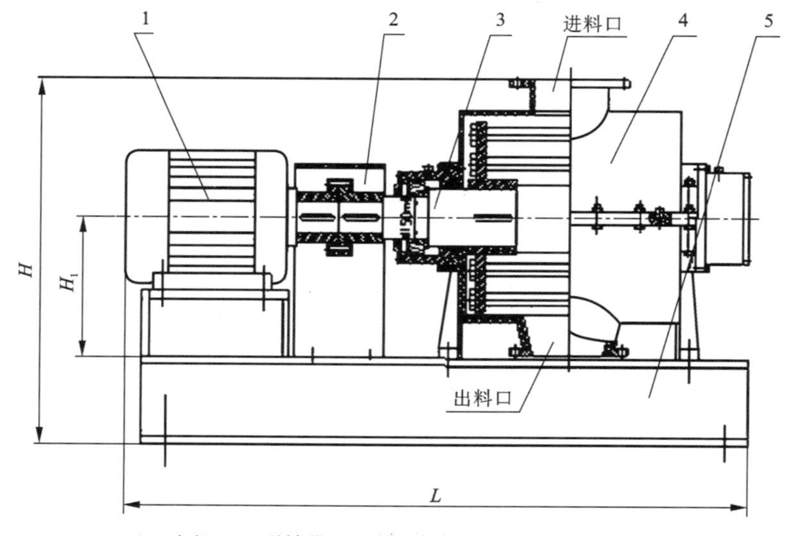

1—电机；2—联轴器；3—转子部件；4—机壳；5—机座。

图 4-6　高速活化搅拌机

从而制备出流动性好、浓度高的均质充填料浆。高浓度搅拌槽主要由搅拌轴部件、传动系统、电机部件、大梁槽盖、槽体及料浆放矿阀等组成。上下搅拌轮及高浓度搅拌槽的结构分别如图 4-7、图 4-8、图 4-9 所示。

图 4-7　上搅拌轮

图 4-8　下搅拌轮

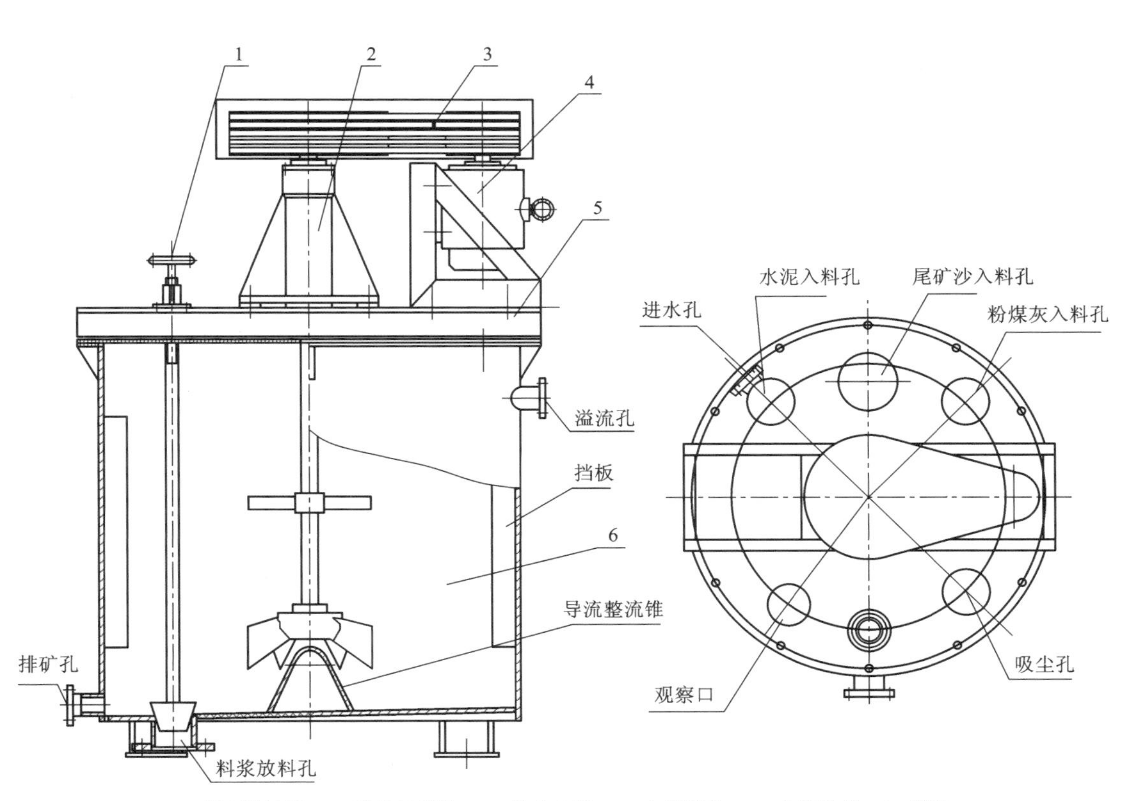

1—底流排料阀；2—搅拌轴部件；3—传动皮带；4—电机部件；5—大梁槽盖；6—槽体。

图 4-9　高浓度搅拌槽

3. 立式高浓度搅拌槽实验研究

某硫铁矿全尾砂高浓度胶结充填工艺流程如图 4-10 所示，充填料浆的原材料主要为选矿后的尾矿、水泥、粉煤灰和水。其中，尾沙是充填骨料，尾沙颗粒较细，0.05 mm 以下颗粒占 68%以上，中值粒径(粒级累积质量分数 50%时对应的颗粒粒径)仅为 0.038 mm；硅酸盐水泥(425 号水泥)是胶凝材料；粉煤灰作为掺合剂，一方面有利于料浆的管道输送，另一方面，随着充填体养护时间的延长，充填体体积逐渐膨胀，压力增大，粉煤灰的多孔结构可为充填体提供压缩变形空间，保证充填体后期不会因为膨胀而发生崩解，解决充填体膨胀导致其强度降低的问题。实际上，将粉煤灰作为掺合剂用于混凝土中已有多年的历史，特别是在高层建筑和水库大坝等的建设中有广泛的应用，如上海杨浦大桥、长江三峡大坝均采用了粉煤灰混凝土结构。因此，在全尾砂高浓度胶结充填中，适当加入粉煤灰是必要的。

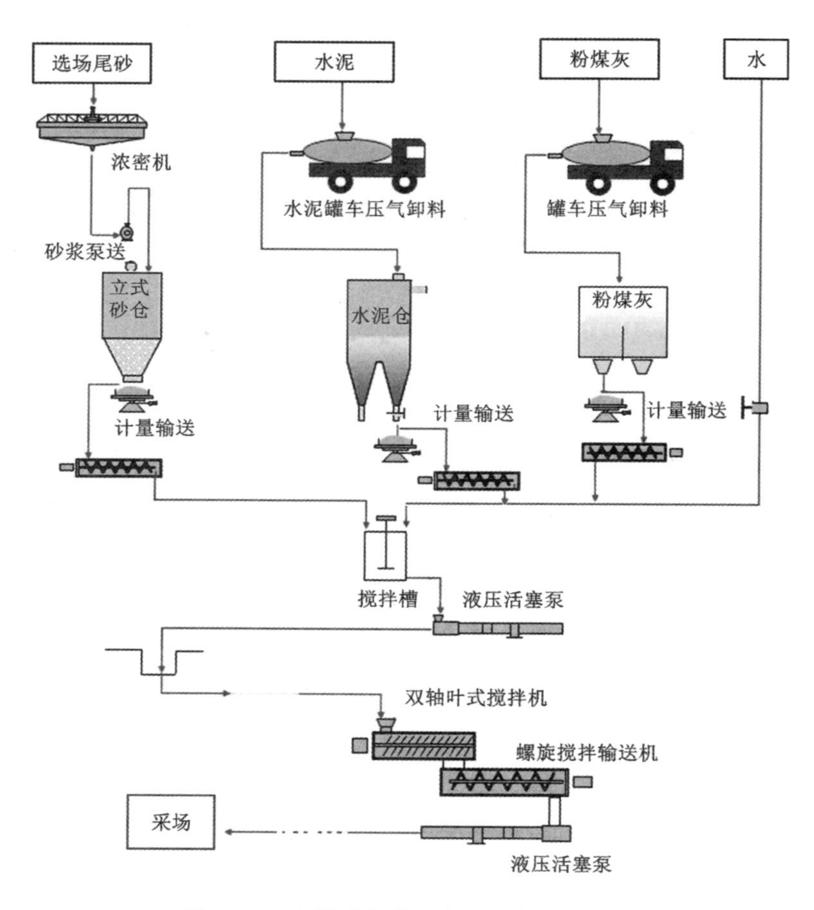

图 4-10 全尾砂高浓度胶结充填工艺流程

尾矿、水泥、粉煤灰和水经搅拌制备成质量分数不低于 70%的充填料浆，沿充填孔和井下充填管道自流输送至待充采场。在高浓度胶结充填工艺中，高浓度充填料浆的搅拌制备是一个极其重要的环节，能否制备出浓度适中、流动性良好的充填料浆，直接关系到充填的质量。而高质量料浆的制备，关键取决于高浓度搅拌槽设备的性能。为此，在充填现场对高浓度搅拌槽的性能进行了实验研究。样机规格型号为 ϕ2500 mm×2500 mm，装机功率 55 kW，搅拌转速 210 r/min。

(1)组分配比对料浆均匀性的影响

根据现场充填对质量分数的要求，将各组分按一定的比例配制成质量分数分别为 65%、70%和 75%的砂浆，经过 15 min 的搅拌后，分别测定底流排料口和上部溢流口的实际砂浆质量分数，依此检验不同骨料配比对料浆均匀性的影响，实验结果见表 4-1。可见，同一配比的高浓度砂浆，质量分数越高，溢流孔和底流排料口处的质量分数相差越大，料浆的均匀性越差；同一质量分数不同骨料配比，骨料越多，溢流孔和底流排料口处的质量分数相差越大，料浆的均匀性越差。这主要是因为，质量分数越高，骨料越多，料浆的流动性越差。但实测数据表明，溢流口处的实测质量分数均接近于底流排料口处的质量分数，两者相差不大。从图 4-11 槽体中心及周边浆体流动情况看，在槽体中心，有明显的有凹陷旋涡，旋涡直径约 500 mm，在槽体周边，浆体呈鱼鳞花，伴有少量翻滚。这说明搅拌强度足够，各组分物料在槽内激烈循环流动，均匀弥散在槽体内，粗颗粒没有沉积在槽体底部，反而在槽内壁挡板和底部导流锥的作用下，被冲击翻腾至上层浆体，再向轴心往复循环，没有发生沉槽现象，搅拌均匀性较好。

表 4-1　不同骨料配比对搅拌均匀性的影响

实验号	水泥：粉煤灰：骨料	质量分数/%	实测质量分数/%		搅拌时间/min	搅拌转速/(r·min^{-1})
			溢流孔处	底流排料口处		
1	1：2：6	65	64.2	66.2	15	210
		70	68.6	71.5	15	210
		75	73.5	76.7	15	210
2	1：2：8	65	64.1	66.5	15	210
		70	68.4	71.8	15	210
		75	73.2	77.5	15	210
3	1：2：10	65	63.9	66.8	15	210
		70	68.6	71.5	15	210
		75	73.2	77.6	15	210

(2)搅拌时间对料浆均匀性的影响

搅拌时间对料浆均匀性的影响，是在搅拌转速、质量分数相同的条件下，根据不同组分配比的料浆测得的，结果见表 4-2 及图 4-12。

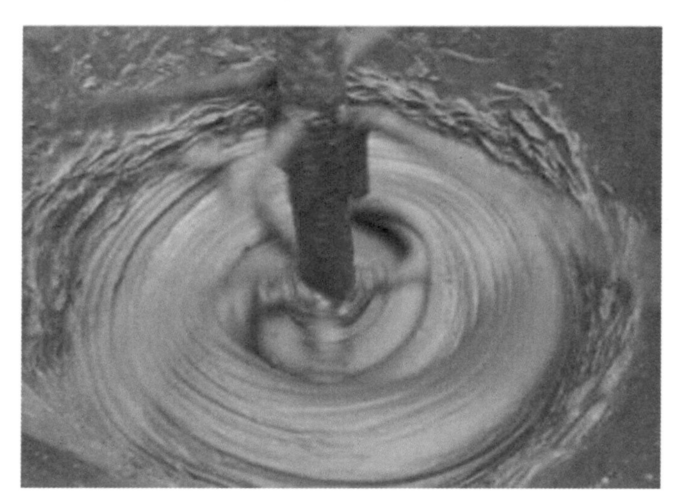

图 4-11　槽体中心及周边料浆流迹

表 4-2　搅拌时间对料浆均匀性的影响

实验号	水泥：粉煤灰：骨料	质量分数/%	实测质量分数/%		搅拌时间/min	搅拌转速/(r·min^{-1})
			溢流孔处	底流排料口处		
1	1：2：6	70	72.6	68.5	5	210
			71.5	69.3	10	210
			70.3	70.5	15	210
			68.8	70.3	20	210
			69.3	70.1	25	210
2	1：2：8	70	72.4	68.5	5	210
			71.5	69.1	10	210
			70.4	70.3	15	210
			69.5	70.5	20	210
			69.8	70.2	25	210
3	1：2：10	70	72.4	69.4	5	210
			71.5	70.9	10	210
			70.2	70.1	15	210
			69.4	69.5	20	210
			69.8	69.7	25	210

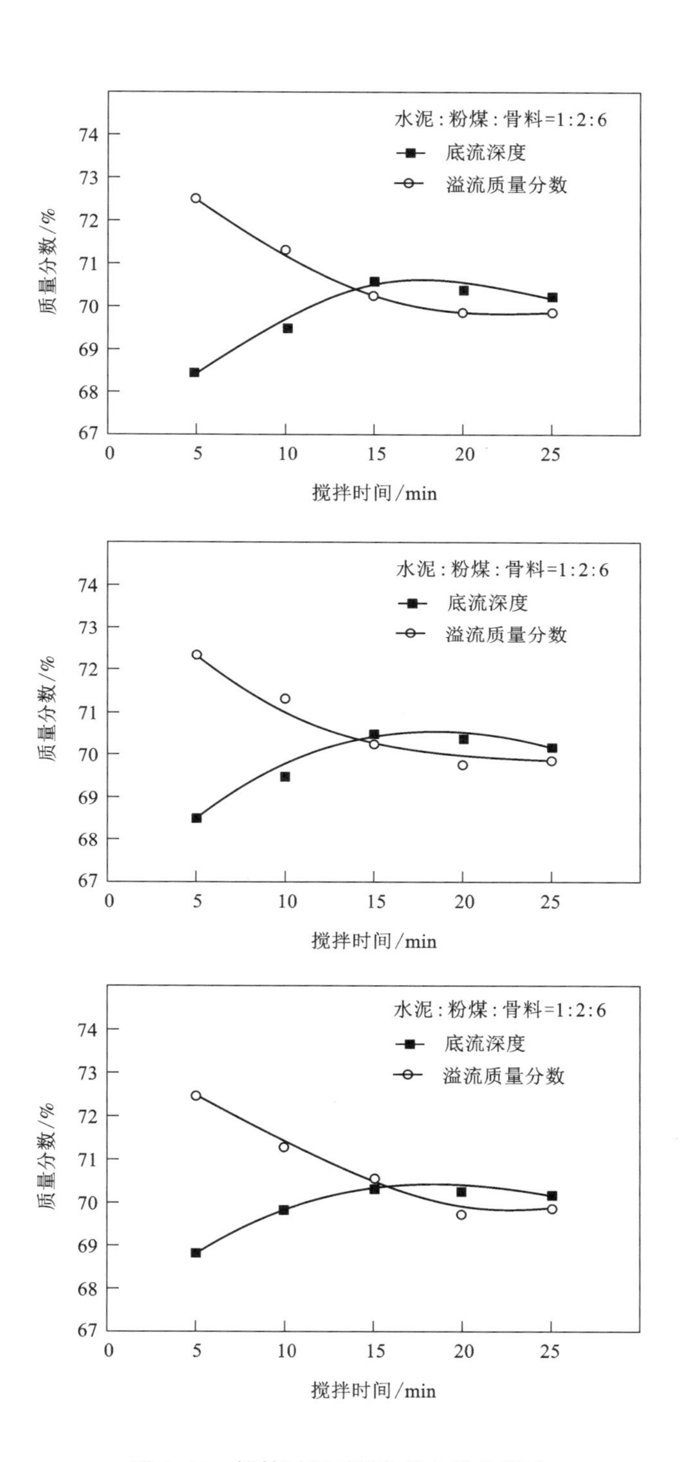

图 4-12　搅拌时间对料浆均匀性的影响

可以看出，质量浓度相同时，槽体内料浆的质量分数随着搅拌时间增加呈现出有规律的变化。随着搅拌时间的增加，溢流口处的实测质量分数均逐渐降低，而底流排料口处的砂浆质量分数逐渐增大，二者均逼近配制的质量分数 70%。搅拌时间继续增加到 20 min 以上时，质量分数的变化不大，只在配制质量分数附近发生小范围波动，说明槽内料浆质量分数基本均匀。

呈现这种有规律的变化是因为，作为主要充填材料的水泥、粉煤灰和尾砂均由槽体顶部加入，早期水化阶段的浆体为一个带表面双电层结构的固相颗粒的分散体系，浆体的性质和变化就决定于这些粒子之间的相互作用。此时，浆体中各种粒子间的距离较大，相互作用力无从体现，浆体表现为无塑性强度的悬浮状态，且局部有颗粒团聚现象出现。因此在搅拌早期，槽体上部的砂浆质量浓度大于槽体底部的砂浆质量浓度。随着搅拌时间增加，强烈的搅拌混合与剪切作用，使水泥等与水的接触表面不断增大，并且在尾砂粒与水泥胶粒的激烈碰撞中，水泥颗粒表面的新生成物不断脱落而露出水泥新表面，大大增加了水泥水化程度，促进了水泥颗粒最大限度地弥散，$Ca-Si-H_2O$(水化硅酸钙)凝胶大量生成；同时，尾砂颗粒表面在强力搅拌擦洗过程中逐渐变湿润。由于颗粒间的亲合力，水泥及粉煤灰粒子黏附在湿尾砂表面形成一层坚固密实的“壳”，这样不仅使尾砂表面水灰比降低，形成水灰比梯度，而且使水泥充分分散黏附于湿尾砂表面，不易团聚成水泥颗粒，并最终达到砂浆混合充分和弥散均匀。因此，在这个过程中，外观表现为随搅拌时间增加，槽体上部砂浆质量浓度逐渐降低，槽体底部的砂浆质量分数逐渐增加，二者最终达到平衡，并在平衡位置处小范围相互交错波动。由此可认为搅拌时间以 15 min 左右为宜。

(3)骨料配比对充填体强度的影响

各组分按一定的配比配制成质量分数为 65%和 70%的砂浆，在 210 r/min 搅拌转速下经过 15 min 的搅拌，将料浆制成 7.07 cm×7.07 cm×7.07 cm 标准实验模块，脱模后常温养护，测试其单轴抗压强度(7 d、28 d、60 d)和抗拉强度(28 d)。强度实验结果见表 4-3。可见，2 号实验的结果最佳。

表 4-3　组分配比与强度试验结果

实验号	水泥：粉煤灰：骨料	质量分数/%	抗压强度/MPa			28 d 抗拉强度/MPa	搅拌时间/min
			7 d	28 d	60 d		
1	1：0：6	70	1.55	1.53	0.35	0.12	15
2	1：2：6	70	1.04	0.88	0.86	0.11	15
3	1：2：8	70	0.79	0.49	0.24	0.08	15
4	1：0：6	65	0.88	0.61	0.35	0.07	15
5	1：2：6	65	0.47	0.38	0.35	0.03	15
6	1：2：8	65	0.36	0.22	0.19	0.02	15

(4)组分配比对搅拌功率的影响

不同组分配比及不同质量分数的料浆，在 210 r/min 搅拌转速下经过 15 min 的搅拌达到稳定工况后，测定实时电流，计算工作时的功率消耗，将其与装机功率进行对比。实测结果见表 4-4。

表 4-4　不同骨料配比对搅拌功率的影响

实验号	水泥：粉煤灰：骨料	质量分数/%	实测结果		计算功率比装机功率	搅拌时间/min
			电流/A	计算功率/kW		
1	1：2：6	65	76	37.6	0.68	15
		70	80	39.6	0.72	15
		75	85	42.1	0.77	15
2	1：2：8	65	78	38.6	0.70	15
		70	83	41.1	0.75	15
		75	88	43.5	0.79	15
3	1：2：10	65	80	39.6	0.72	15
		70	86	42.5	0.77	15
		75	90	44.5	0.81	15

表 4-4 中的计算功率根据式(4-24)求得：

$$N=\sqrt{3}\eta IU\cos\varphi \tag{4-24}$$

式中：I 为实测工作电流(A)；U 为工作电压(380 V)；$\cos\varphi$ 为电机功率因数，取 0.81；η 为电机效率，取 92.8%。

可见：①组分比相同时，浓度越高，实际的功率消耗越大；骨料比越大，实际的功率消耗越大；②实测的消耗功率约为装机功率的 70%~80%，说明装机功率是能满足要求的。

第 5 章 高效搅拌槽流场 CFD 模拟分析及结构有限元计算

5.1 高效搅拌槽流场 CFD 分析

5.1.1 概述

CFD(Computational Fluid Dynamics)软件是计算流体力学软件的简称，是用来进行流场分析、计算、预测的专用工具。通过 CFD 模拟，可以分析并且显示流体流动过程中流体流场、传质传热及固体颗粒物在流体中的分布等，及时预测流体在模拟区域的流动性能，并通过各种参数改变，得到相应过程的最佳设计参数。CFD 的数值模拟，能使我们更加深刻地理解问题产生的机理，为实验提供指导，节省以往实验所需的人力、物力和时间，并对实验结果整理和规律发现起到指导作用。FLUENT 的网格特性灵活，可以用三角形、四边形、四面体、六面体、金字塔等多种网格来解决具有复杂外形的流体流动分析问题，同时 FLUENT 可读入多种 CAD 软件的三维几何模型和多种 CAE 软件的网格模型。用于二维平面、二维轴对称和三维流场流动分析，完成多种参考系下流场模拟、定常流或非定常流分析、不可压缩流和可压缩流计算、层流和湍流模拟、传热传质、化学组分混合和反应分析、多相流分析、固体与液体耦合传热分析、多孔介质分析等。它的湍流模型包括 $k-\varepsilon$ 模型、Reynolds 应力模型、LES 模型、标准壁面函数等。FLUENT 可让用户定义多种边界条件，如流动入口及出口边界条件、壁面边界条件等。在搅拌设备的设计、选型等方面有广泛应用。

5.1.2 工艺参数及要求

某新建铜镍选厂，年处理量为 300 万 t，固体物料密度 3.1 t/m^3 左右，粒度为 74 μm(质量分数为 75%)，浮选质量分数 30%，矿浆混合溶液平均黏度 $\mu_1 = 20\times10^{-3}$ Pa·s，搅拌时间 6 min。要求固体颗粒均匀悬浮在矿浆中。该厂工作制度为每年 320 d，每天 24 h。浮选作业前的搅拌槽设备，初步选型结果为：搅拌槽规格为 ϕ6000 mm×6000 mm，搅拌轮直径 1200 mm，搅拌转速为 125 r/min，装机功率 75 kW，采用减速箱传动，设备开机后连续运转。设备结构如图 5-1 所示。

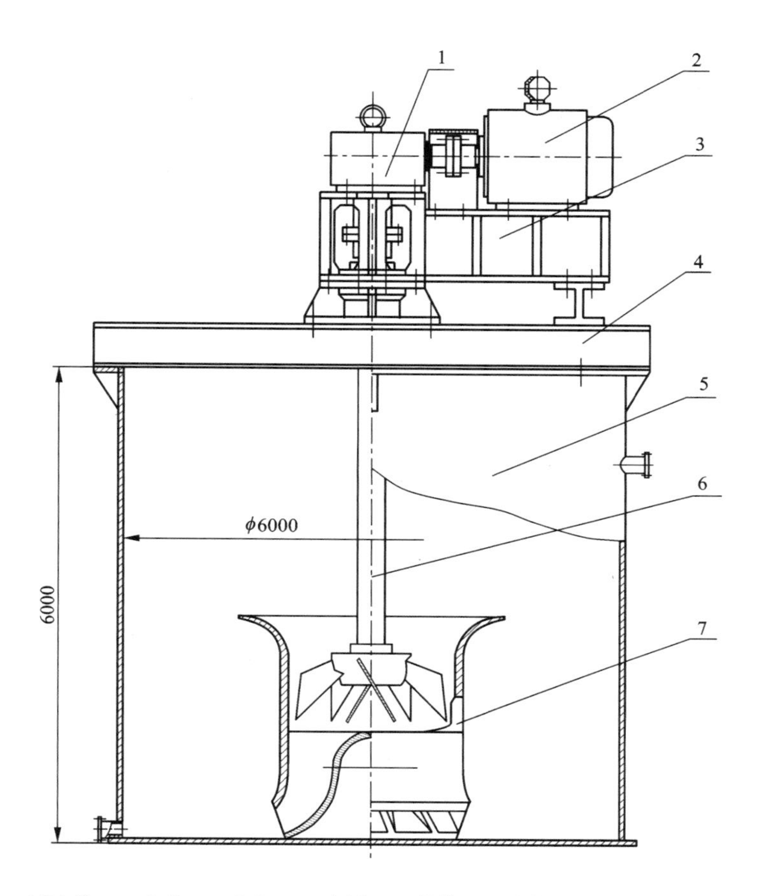

1—减速箱；2—电机；3—机架；4—大梁；5—槽体；6—搅拌轴部件；7—导流装置。

图 5-1　高效搅拌槽

5.1.3　边界条件的设定及计算模型的选择

①流场模拟分析不包含设备的启停过程，只针对设备稳定运行后的内部流场进行；

②因是连续生产，设备稳定运行后，进入槽内的物料不发生改变，槽内流体为定常流动；

③按照固-液两相悬浮搅拌进行流体流场模拟。不考虑相间传热传质，固体颗粒粒径、槽内矿浆浓度不发生变化；

④根据小时体积流量及过流面积，计算得到进料流速为 1.08 m/s，固相质量分数为 30%，出口为自然出流；

⑤搅拌轴、搅拌轮毂及叶片表面均为旋转壁面，设定模拟转速为 122～146 r/min，旋转方向为 Y 轴负方向；

⑥其余壁面均为无滑移固定壁面边界，在近壁面区域采用标准壁面函数法进行处理，选用 Mixture 多相流 k-ε 双方程湍流模型。

5.1.4 三维几何模型的建立及网格划分

根据图 5-1 搅拌槽设备的结构，简化得到图 5-2 所示的搅拌槽整体几何模型，忽略槽体的壁厚并作适当简化后，建立流体区域的三维计算透视模型如图 5-3 所示。

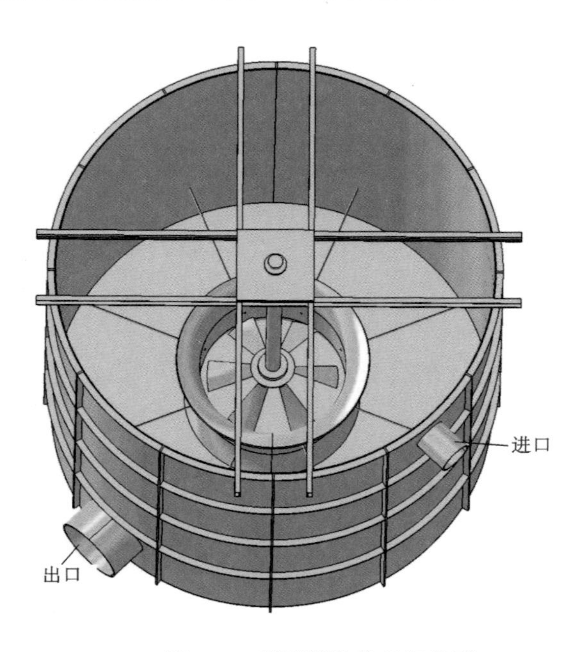

图 5-2 搅拌槽整体几何模型

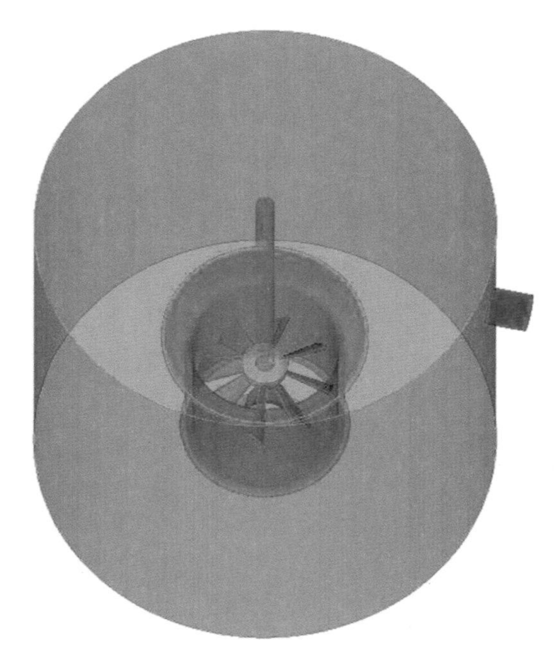

图 5-3 计算透视模型图

计算域网格采用四面体网格，网格单元总数为 100 万个。由于搅拌槽内搅拌轮为旋转部件，在划分网格时将搅拌轮单独提取，单独划分网格，并定义该区域为旋转区域。网格划分结果如图 5-4 所示，为显示叶片网格，隐藏了搅拌轮与槽体的耦合面。

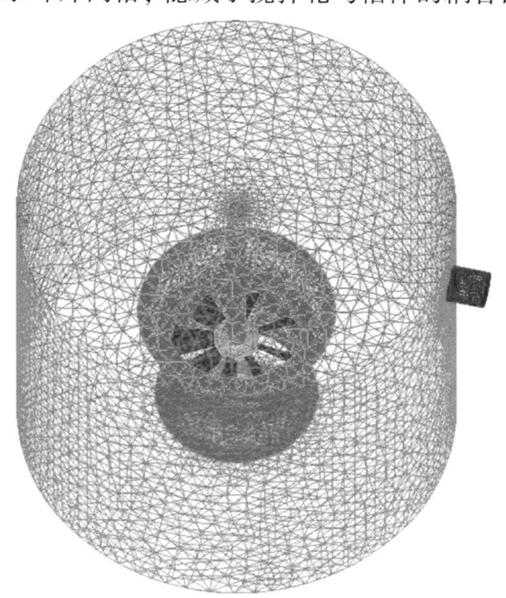

图 5-4　计算域网格划分图

5.1.5　流场 CFD 模拟(122 r/min)

在搅拌转速为 122 r/min 时的模拟结果如图 5-5～图 5-24 所示。

1. 混合相速度矢量图

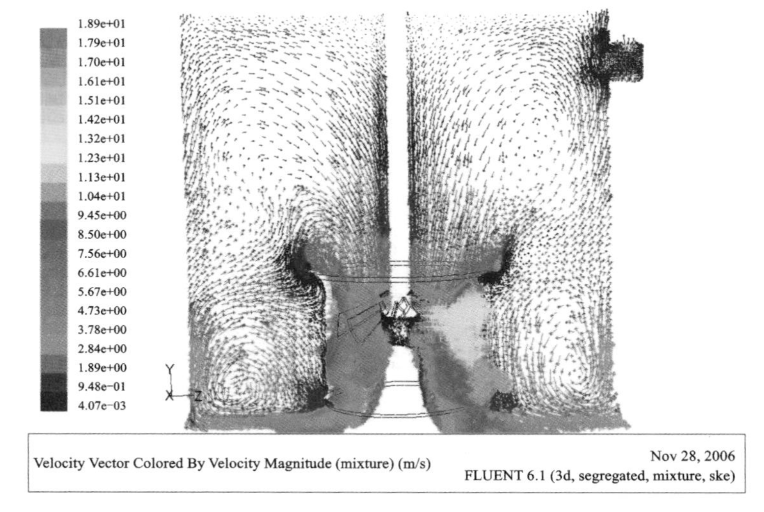

图 5-5　槽体纵向剖面混合相速度矢量图

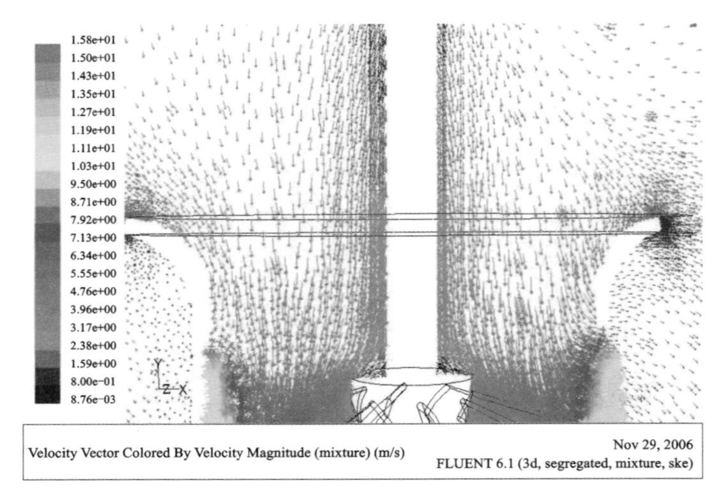

图 5-6　导流管上部入口及管内速度矢量图

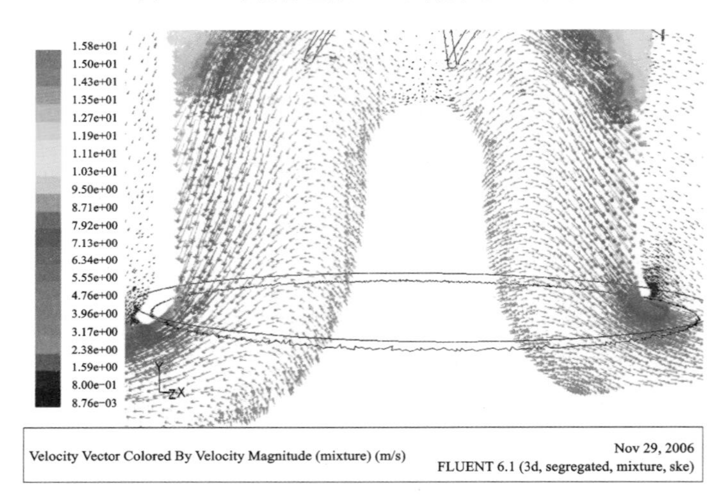

图 5-7　导流器内部及下部出口速度矢量图

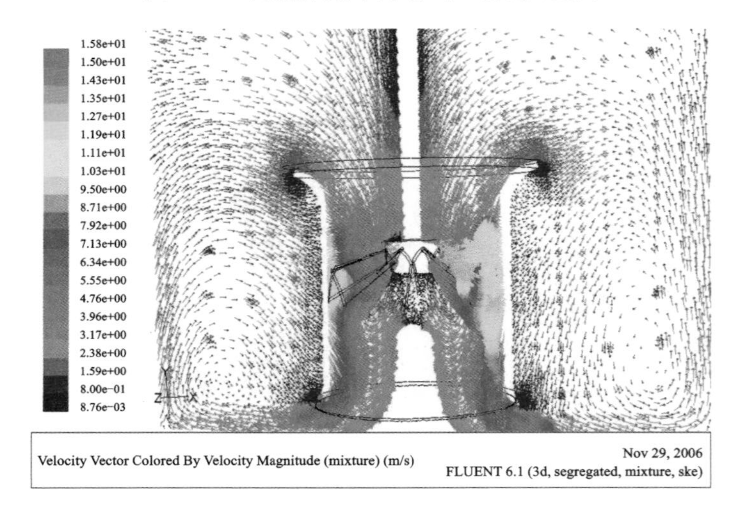

图 5-8　导流装置内部及周边混合相速度矢量图

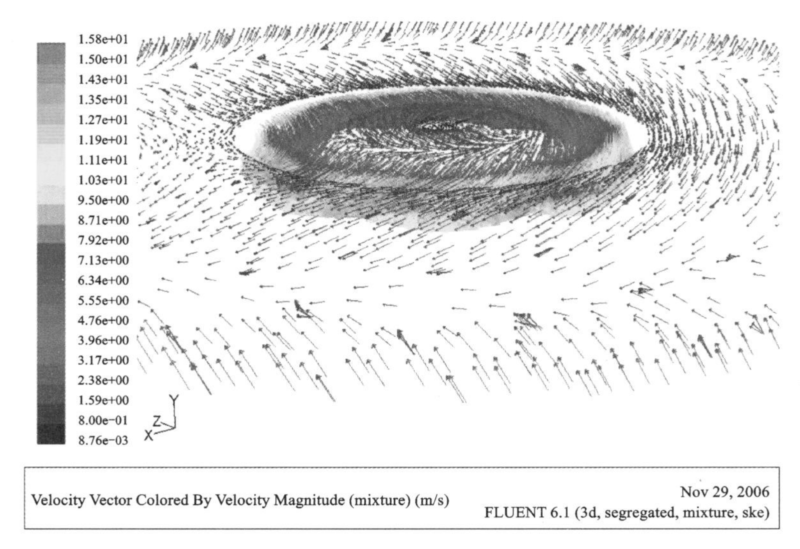

图 5-9　*Y*=1300 mm 横截面处速度矢量图

2. 固相速度矢量图

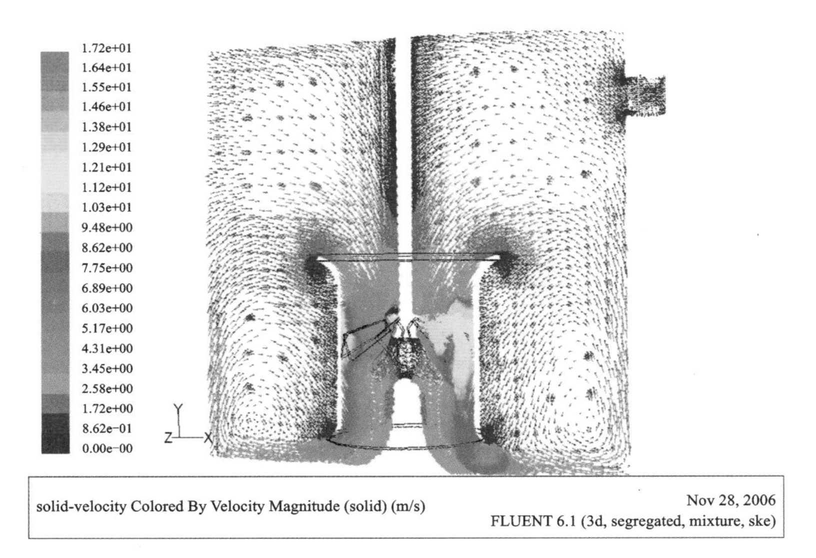

图 5-10　纵向剖面固相速度矢量图

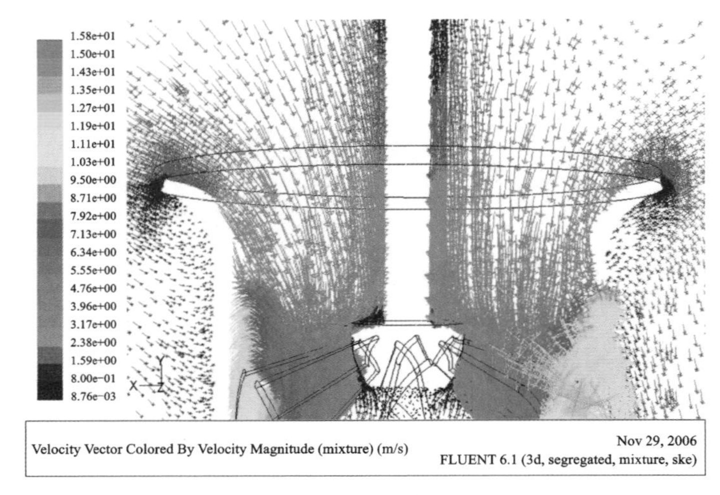

图 5-11　导流管上端及管内固相速度矢量图

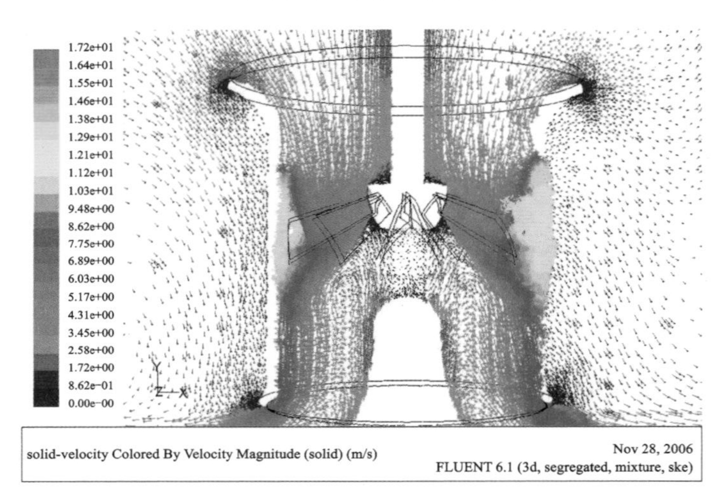

图 5-12　内部流道及周边固相速度矢量图

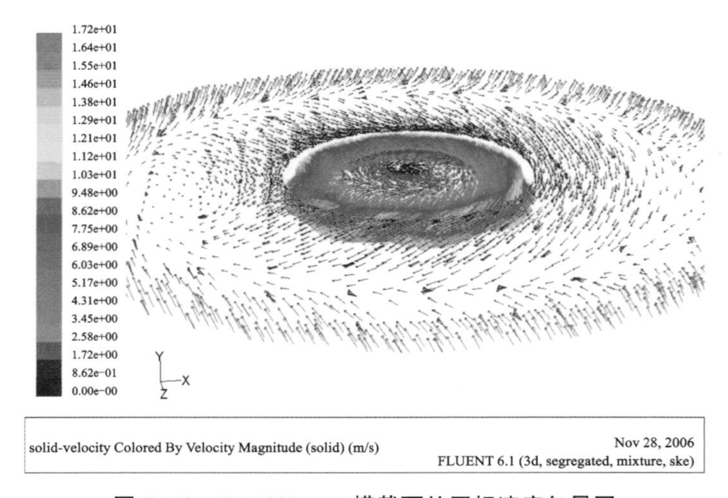

图 5-13　$Y=1300$ mm 横截面处固相速度矢量图

3. 迹线图

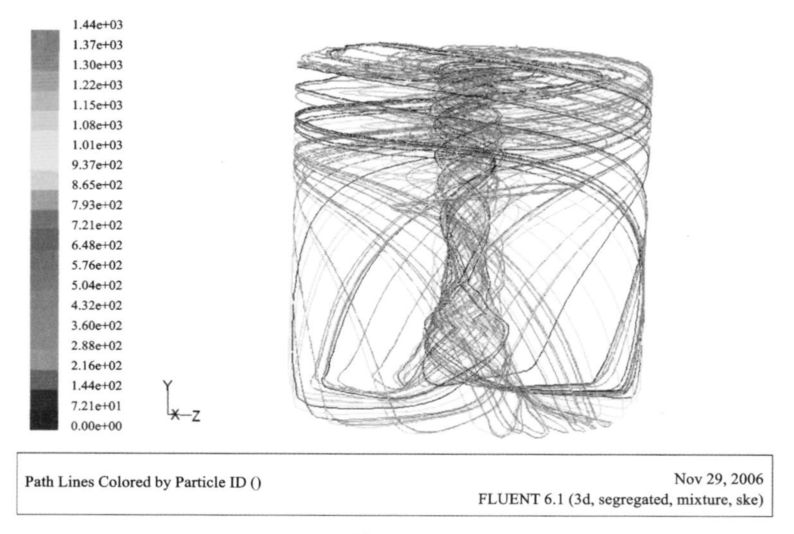

图 5-14　槽体内迹线正视图

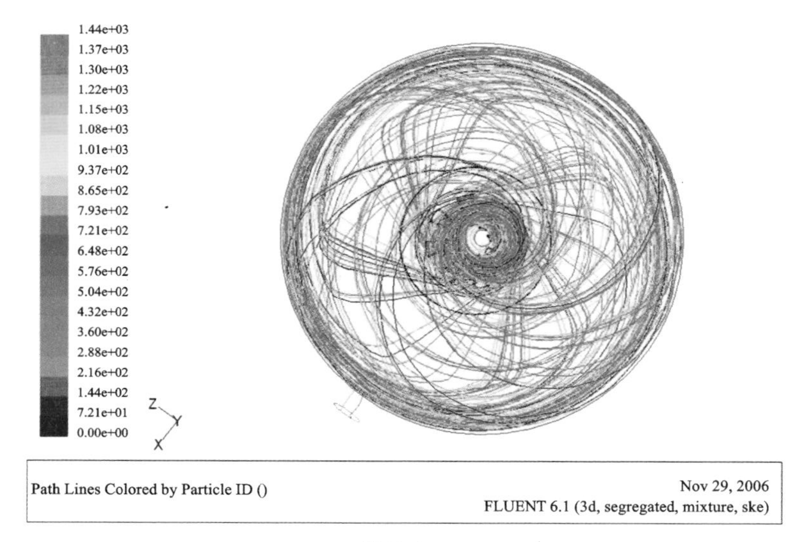

图 5-15　槽体内迹线俯视图

4. 压力云图

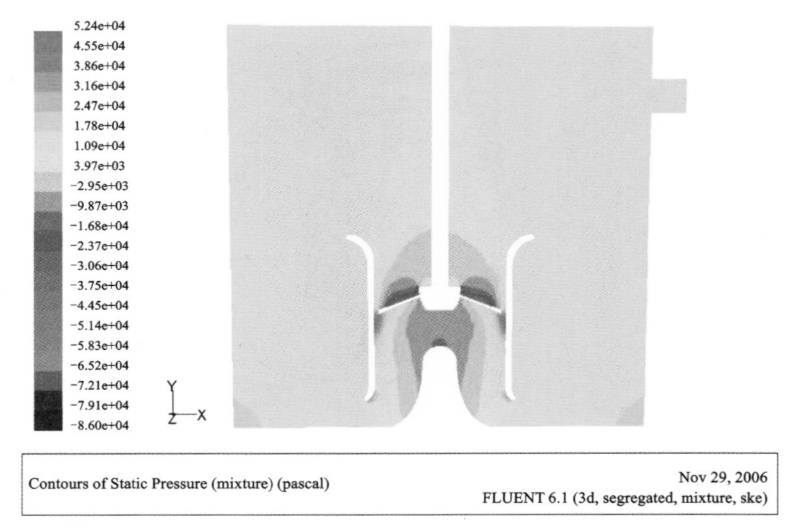

图 5-16　槽体纵向剖面压力分布云图

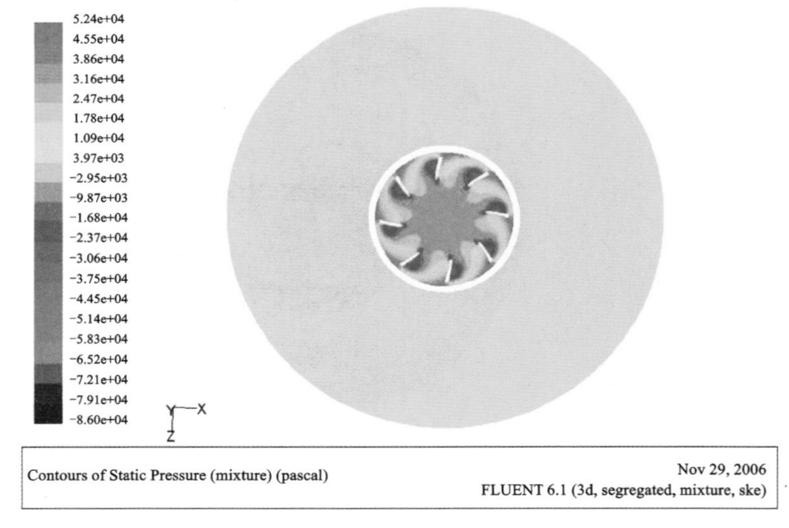

图 5-17　$Y=1300$ mm 横截面处压力分布云图

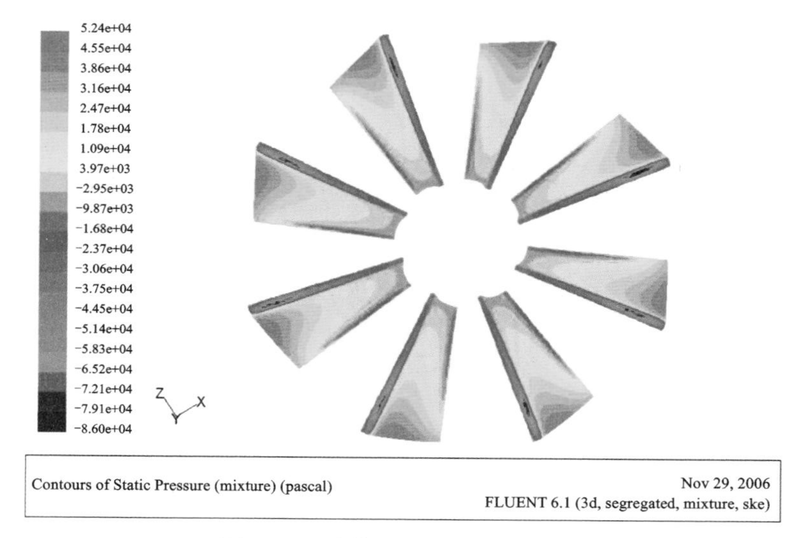

图 5-18 叶片迎浆面压力分布云图

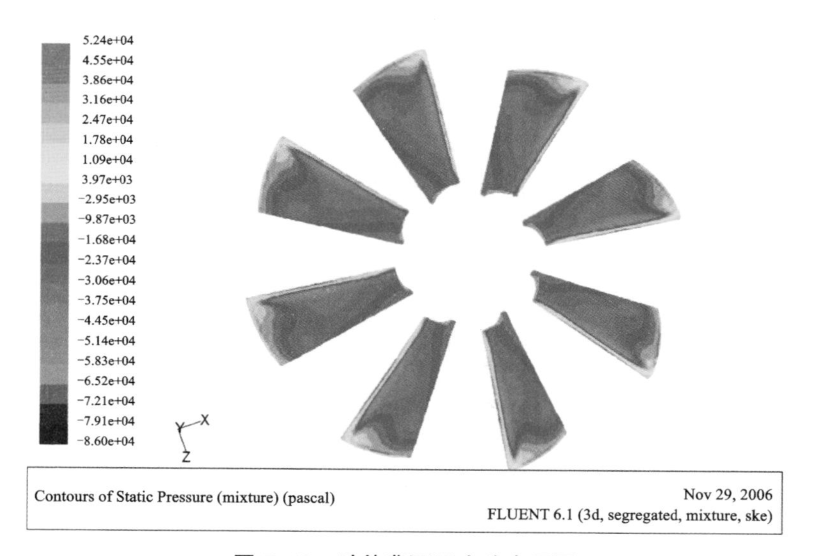

图 5-19 叶片背面压力分布云图

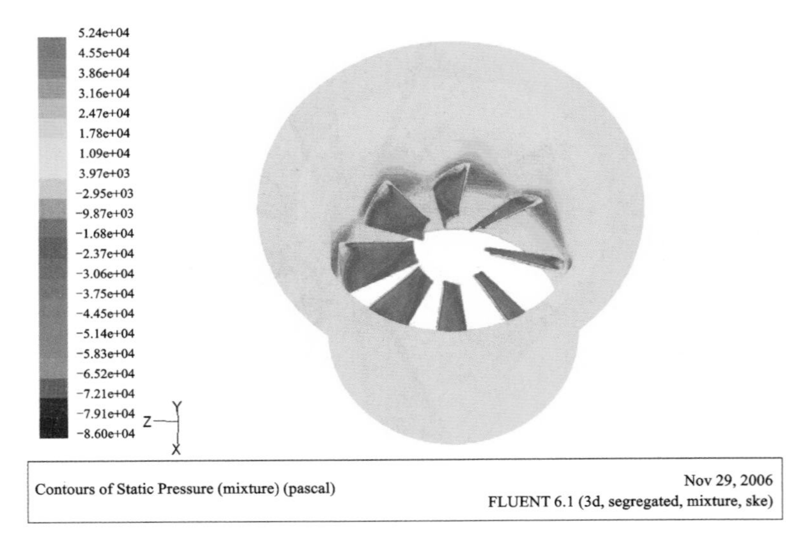

图 5-20　导流装置内部压力分布云图

5. 固相浓度分布

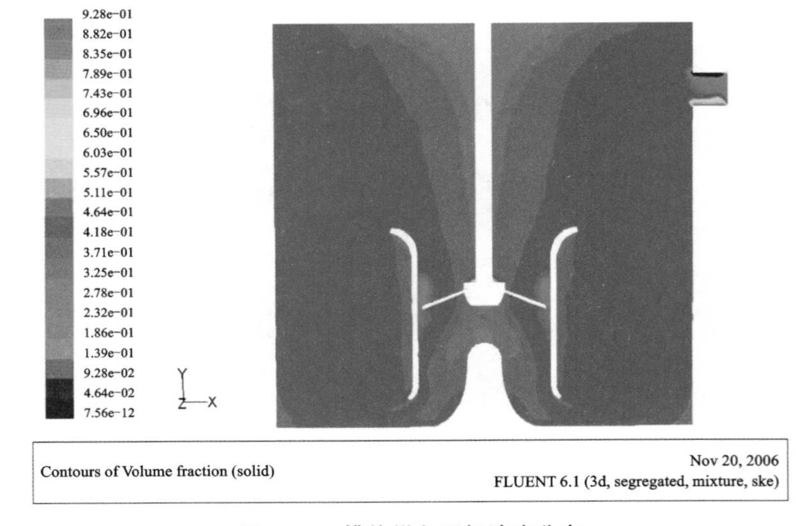

图 5-21　槽体纵向固相浓度分布

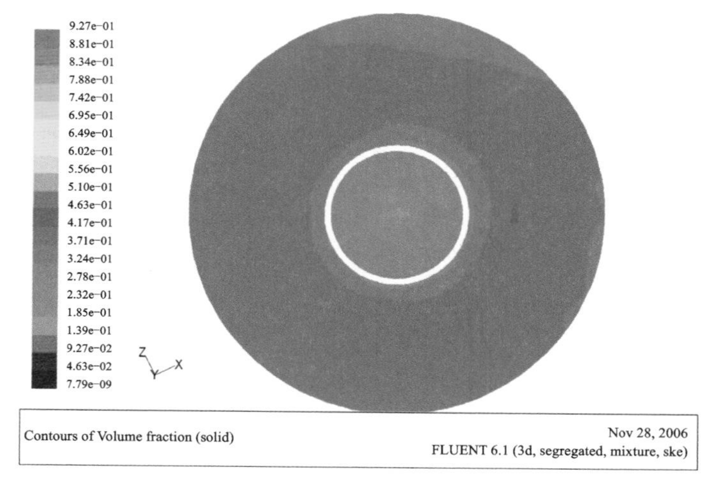

图 5-22　Y=1300 mm 横截面固相浓度分布

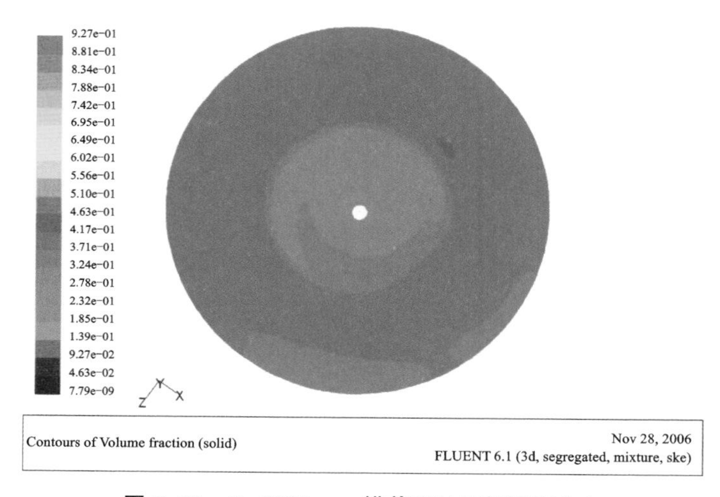

图 5-23　Y=3000 mm 横截面处固相浓度分布

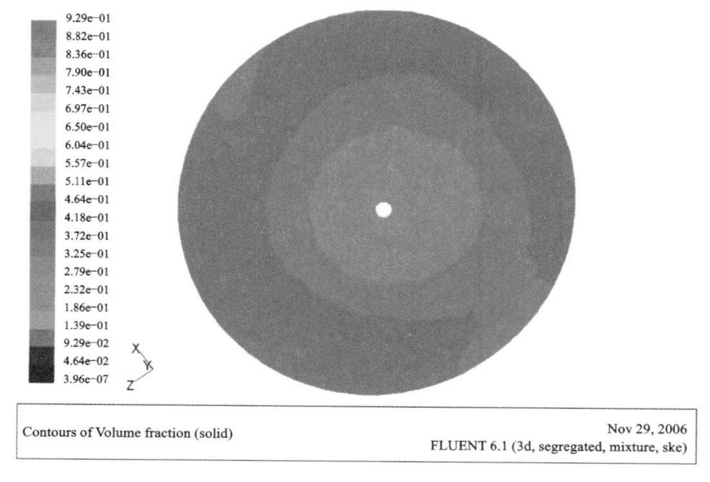

图 5-24　Y=4000 mm 横截面处固相浓度分布

5.1.6 流场 CFD 模拟结果分析

①从速度矢量图、迹线图、固相浓度分布图可以看出，矿浆在导流整流装置与槽体间以“W”形流迹上下循环，导流整流装置底流流道的设置，加强了矿浆流对槽体底部固相颗粒物的冲击，有利于实现固相颗粒物完全均匀悬浮的目的；

②从纵向及横截面固相浓度分布图可以看出，槽体内固相颗粒物没有离析、分层现象，槽体上下及径向浓度基本一致，达到了固相颗粒物完全均匀悬浮的搅拌效果；

③从搅拌转速为 122 r/min 时的搅拌效果可以看出，分析计算得到的临界悬浮速度 n_c 为 115.2 r/min 是正确的，设计的工作转速 130 r/min 是可行的。

5.2 搅拌槽槽体和搅拌系统有限元分析

5.2.1 搅拌槽槽体载荷特性及有限元几何模型的建立

1. 槽体载荷特性

搅拌槽槽体通常是钢制结构件，材料特性为：弹性模量为 2×10^5 MPa，泊松比为 0.3，密度为 7.85×10^3 kg/m^3，屈服强度为 250 MPa，屈服极限为 460 MPa。槽体受力除了要考虑由电机、减速箱、搅拌系统等引起的动静载荷之外，还要考虑由于槽体内的流体运动引起的附加载荷。因此，把搅拌槽内的流场与应力场按流固耦合场来处理，以传统的结构力学观点来精确计算搅拌槽槽体的应力、应变是困难的。借助有限元分析对其进行强度及变形计算，是当前通用的做法。首先对流场进行分析计算，然后将流场中的节点压力作为面载荷与动静载荷一起，采用弱顺序耦合方法进行应力应变分析计算。有限元分析计算软件为 ANSYS 8.0。

2. 边界条件及约束的设定

①搅拌槽槽体各向同性；

②不考虑大梁自重对槽体变形的影响；

③电机、减速箱、搅拌系统的总质量为 4000 kg，考虑搅拌系统运转过程的动载影响，总载荷按总质量的 1.5 倍计算为 6000 kg(60000 N)；

④视总质量为集中载荷，作用于大梁即槽体的中心处；

⑤耦合载荷压力分别作用于槽体底面、槽体壁面、导流装置表面、搅拌轮上，压力场的大小及分布参考上节中的分析结果；

⑥槽底的下面作为固定支撑面。

3. 三维几何模型的建立及网格划分

将图 5-1 所示的搅拌槽设备转化为图 5-2 所示的搅拌槽整体几何模型，适当简化后，建立搅拌槽槽体结构有限元几何模型如图 5-25 所示。计算域网格采用多边形网格，网格单元总数为 100 万个，网格划分结果如图 5-26 所示。

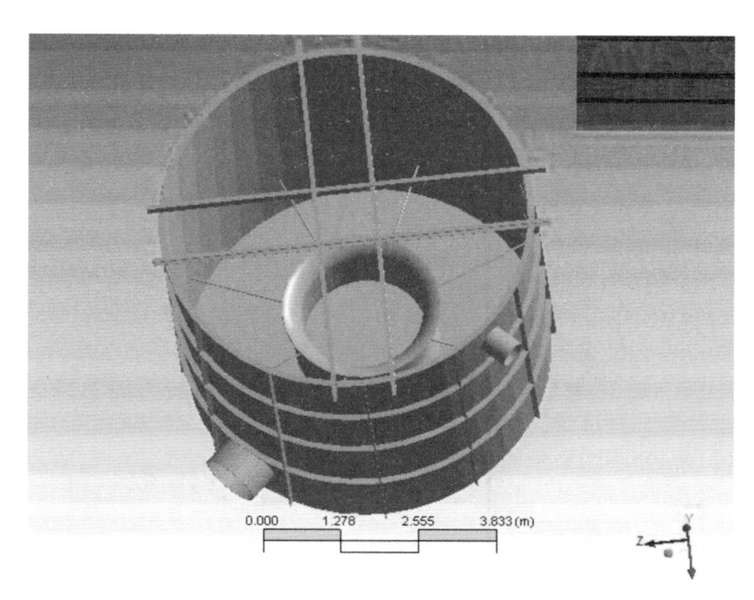

图 5-25　搅拌槽槽体有限元几何模型

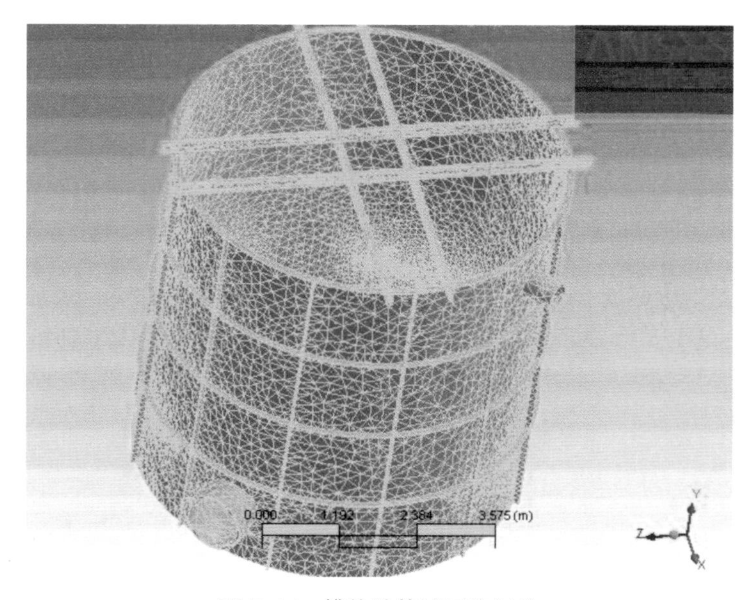

图 5-26　槽体计算域网格划分

4. 有限元计算结果

槽体的有限元计算结果如图 5-27～图 5-31 所示。

(1) 槽体应力及变形

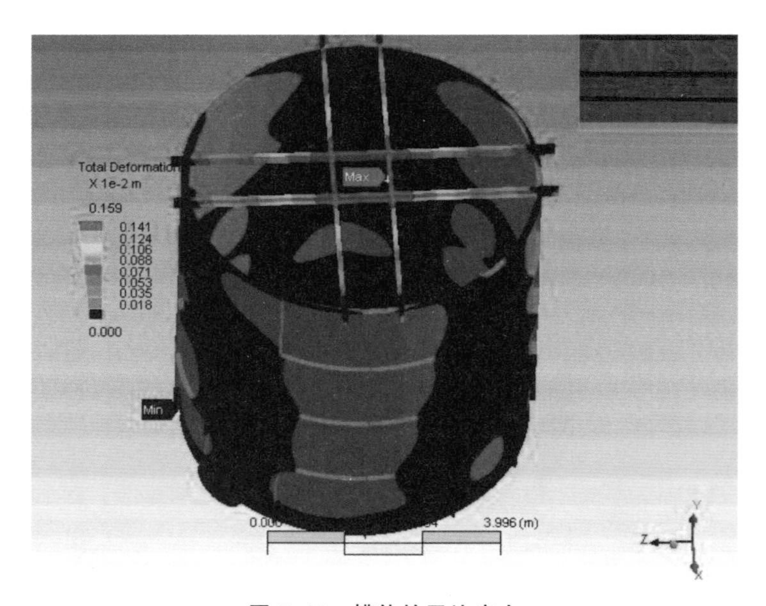

图 5-27　槽体的平均应力

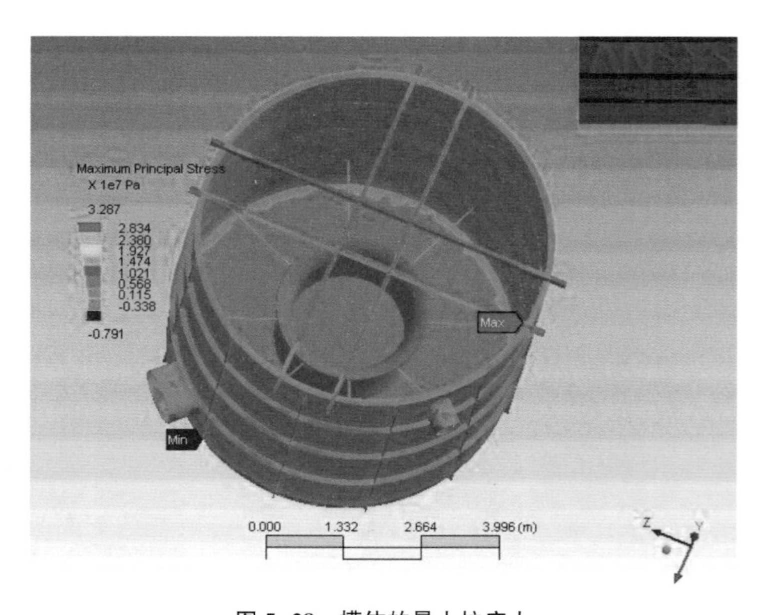

图 5-28　槽体的最大拉应力

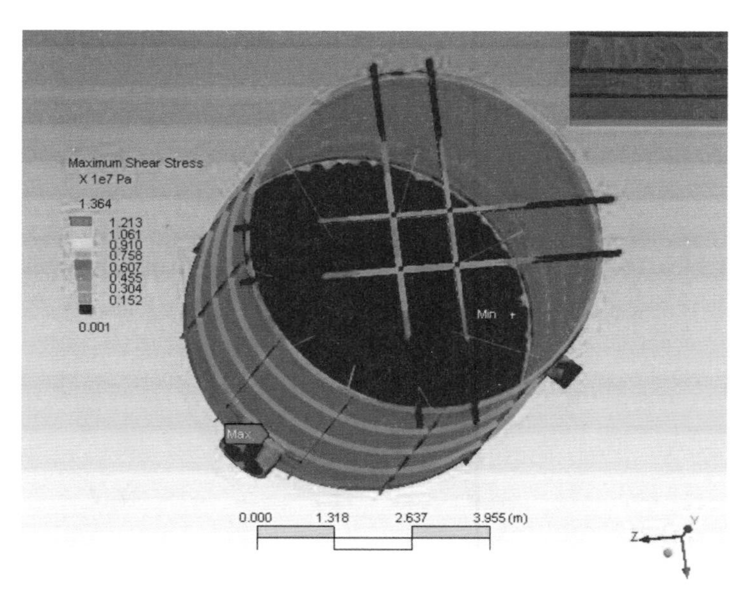

图 5-29　槽体的最大剪切应力

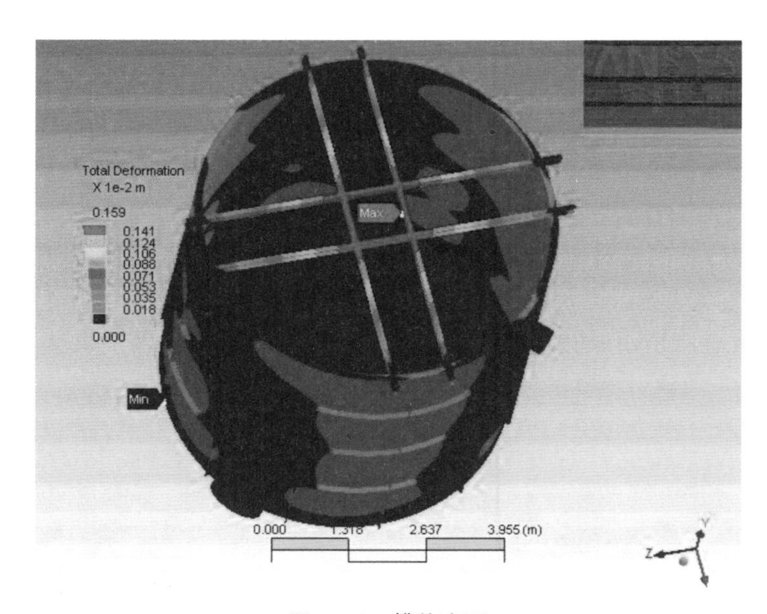

图 5-30　槽体变形

(2)槽体安全系数

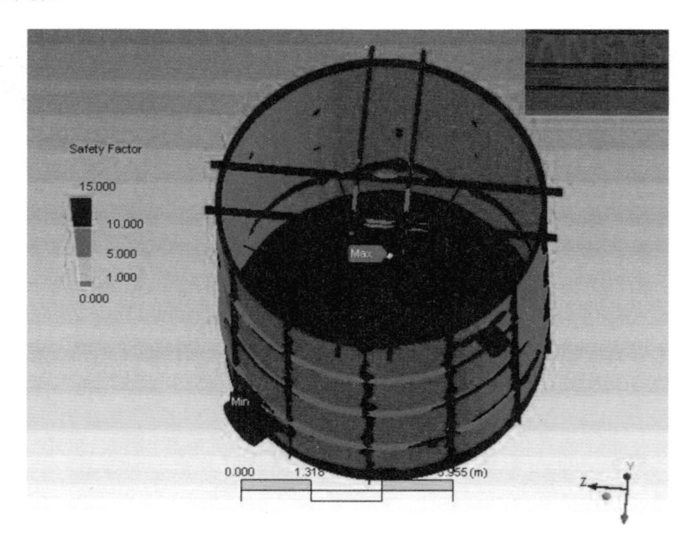

图 5-31 槽体安全系数

5.2.2 搅拌系统有限元计算与分析

1. 搅拌系统的应力应变

(1)搅拌系统三维模型的建立及网格划分

搅拌轴部件是搅拌槽设备的主要部件，直接关系到设备的正常使用。作用在搅拌系统搅拌轴和搅拌轮上的力主要有：由于同轴度误差及搅拌轮不平衡而产生的离心惯性力 G_d、流体对搅拌轮的作用力 F，以及对搅拌轴的扭矩(弯矩)等。为分析搅拌轴、搅拌轮的应力应变分布及搅拌系统的振动模态，建立如图 5-32 所示的双叶轮搅拌系统三维模型。对该模型进行单元网格划分，设置网格相关度参数值为 50 来控制网格的疏密，整个模型共划分为 8820 个网格单元、15621 个节点，网格模型如图 5-33 所示。

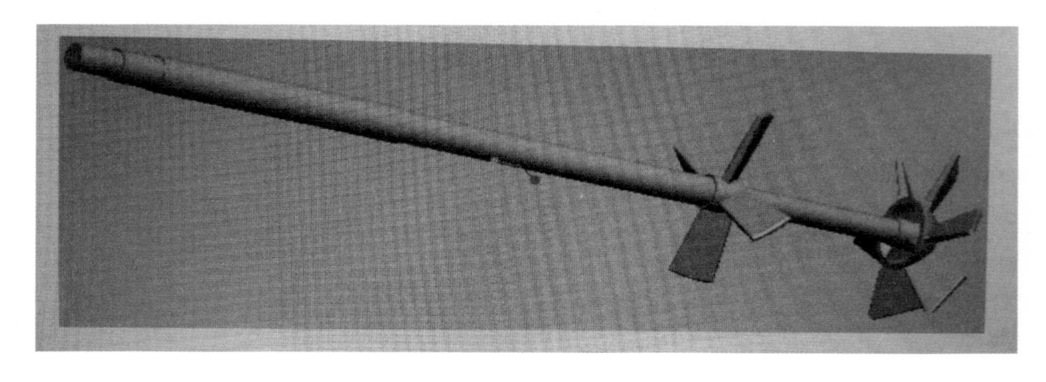

图 5-32 搅拌系统三维模型

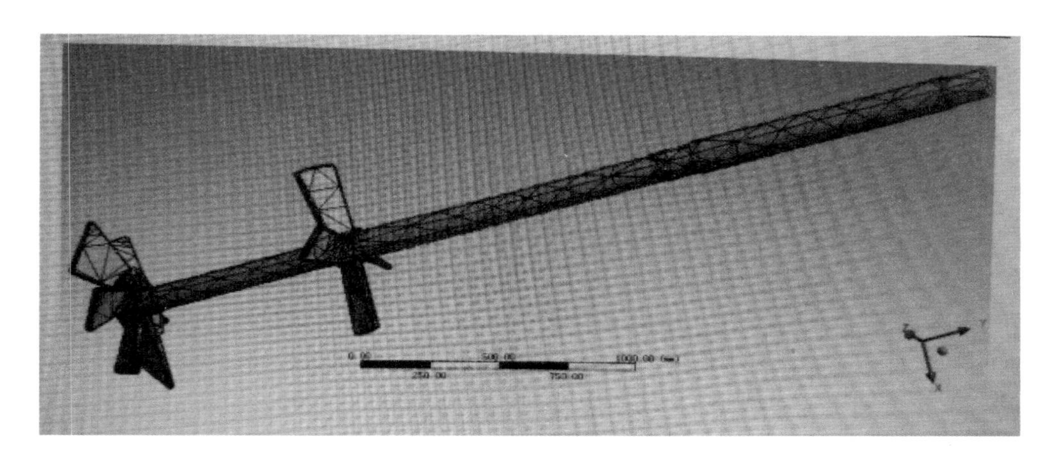

图 5-33　搅拌系统模型网格划分

(2)模型坐标系的定义

搅拌系统模型上施加的载荷和约束都具有方向性，以搅拌轴中心处为坐标原点建立圆柱坐标系：圆柱坐标系的 $X-Y$ 平面在轴中心处的轴横截面上，X 轴方向为轴截面径向距离，Y 轴方向为绕 X 方向的方位角，Z 轴方向与主轴平行，垂直 $X-Y$ 平面，如图 5-34 所示。

图 5-34　搅拌系统定义模型坐标系

(3)边界条件及约束的设定

①作用在搅拌系统搅拌轴和搅拌轮上的力主要有：搅拌系统受到的流体对搅拌轮的作用力 F、由于搅拌轴同轴度误差及搅拌轮不平衡而产生的离心力 G_d 及其产生的扭矩(弯矩)等。把扭矩(弯矩)的作用等效施加到上搅拌轮(C 端)和下搅拌轮(D 端)的叶片上，流体作用力对每个叶轮的径向合力分别施加到上搅拌轮安装轴段(E 端)和下搅拌轮安装轴段(F 端)的 X 轴方向上。

②搅拌系统由传动侧和搅拌侧两组轴承支撑，驱动扭矩通过搅拌轴传递，所以轴承只约束 X 和 Z 方向上的位移，可以绕 Y 方向自由旋转。经施加载荷和约束后的有限元模型如图 5-35 所示。

图 5-35　施加载荷和约束

(4)有限元计算

通过有限元应力计算，搅拌系统的等效应力、最大拉应力、最小压应力、最大剪应力和位移分布分别如图 5-36 至图 5-39 所示。

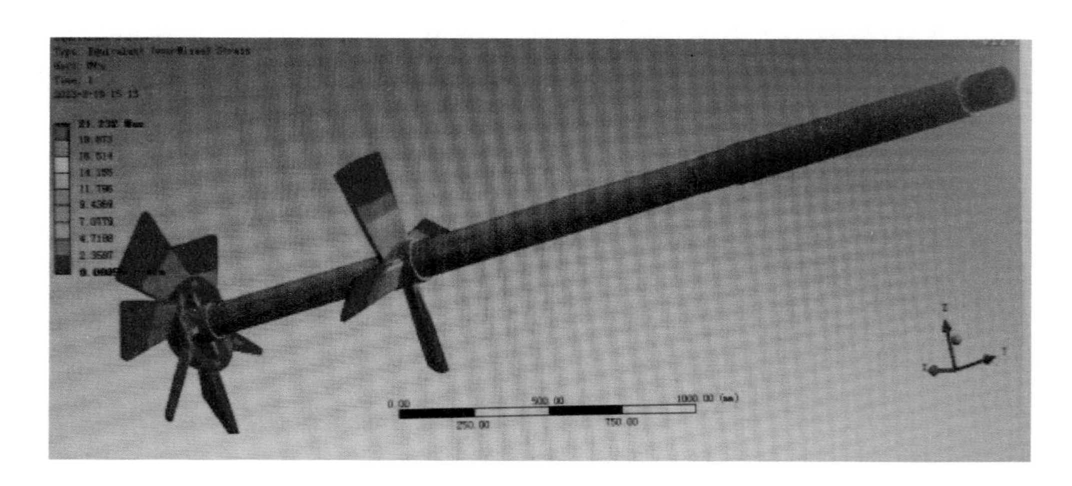

图 5-36　搅拌系统的等效应力

图 5-37　搅拌系统的最大拉应力

图 5-38　搅拌系统的最大剪应力

图 5-39　搅拌系统的位移分布

2. 搅拌系统的振动特性

对图 5-32 所示的双叶轮搅拌系统，通过有限元模态分析，得到轴系的前 3 阶固有频率和振型。由于轴系的第一阶与第二阶的振型和频率分别相近，是轴系的正进动和负进动，故仅列出轴系的第一阶、第三阶的振型模态(图 5-40、图 5-41)。

图 5-40　搅拌系统第一阶振型模态

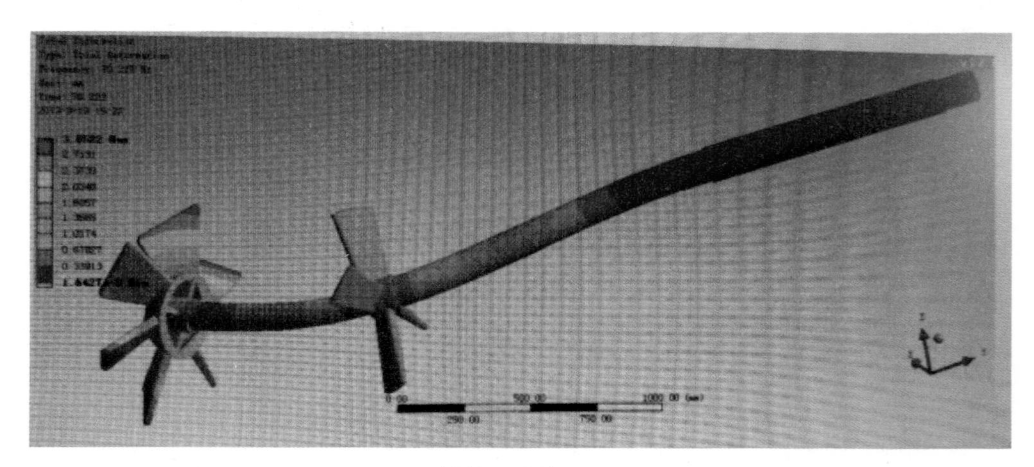

图 5-41　搅拌系统第三阶振型模态

3. 有限元计算结果分析

①从槽体的应力、应变及安全系数分布图可以看出，大梁中部数值最大，适当增大其刚度是有利的；

②搅拌系统的应力、应变及振型模态表明，搅拌轴系刚性轴，设计的工作转速 130 r/min 是可行的。

第 6 章

搅拌槽设备的应用

6.1　搅拌槽在矿业领域的应用

6.1.1　矿用搅拌槽概述

搅拌槽设备在金属、非金属选矿、湿法冶金及化工等行业有广泛应用。特别是在矿业的浮选作业中，搅拌槽是不可缺少的设备。根据用途不同，搅拌槽可分为矿浆搅拌槽、搅拌储槽、提升搅拌槽和药剂搅拌槽四种。

矿浆搅拌槽是使用最多、最广泛的搅拌设备。根据被搅拌物料的性质及所要求的悬浮程度不同，其结构型式和搅拌参数亦有差别。用于浮选作业前的矿浆搅拌槽，其主要目的是使矿浆中的矿物颗粒完全均匀悬浮并与药剂充分接触、混合，为选别作业创造有利条件。氧化铝生产中大量采用搅拌槽设备，用作预脱硅槽、溶出后槽、脱洗槽和种分槽，在稀贵金属的浸出作业及其他工业生产中，亦广泛采用搅拌槽设备进行类似作业。

搅拌储槽一般是大型搅拌槽，用于矿浆的搅拌储存。搅拌储槽通常以中等搅拌强度工作，只要能满足槽内矿物颗粒不沉槽的要求即可。如黑色、有色金属选矿的精矿浆及洗煤厂的煤浆采用管道输送时，就需要用到大型搅拌储槽。

提升搅拌槽从本质上来讲相当于大流量低扬程的矿浆泵，主要用于因设备配置造成矿浆自流高差不够或高差相差较小又不宜泵送的场合。

6.1.2　搅拌槽设备的选型

1. 选矿厂浮选作业前搅拌槽的选型

在浮选车间，每一组浮选机前面都至少配置一台矿浆搅拌槽。矿浆搅拌槽的主要作用是使矿浆中的矿物颗粒完全均匀悬浮并与药剂充分接触、混合，为选别作业创造有利条件，因此，要求矿浆搅拌槽有较大的搅拌强度。矿浆搅拌槽的规格，主要取决于处理量的大小和搅拌作业所需搅拌时间的长短；处理量越大，搅拌时间越长，则所需搅拌槽的规格越大。如某新建铜镍选厂，年处理量为 300 万吨，固体物料密度 3.1 t/m^3 左右，粒度为 74 μm(质量分数

75%)，矿浆质量分数 30%，搅拌时间为 6 min。该厂工作制度为每年 320 d，每天 24 h。试确定浮选作业前的矿浆搅拌槽的规格。

(1)确定搅拌槽的规格

根据年处理量，计算得到其小时处理量为 3000000/(320×24)= 390. 6 t，对应的矿浆小时体积流量为：

$$
\begin{aligned}
Q &= \frac{1}{\rho C}[W\rho - W(\rho - 1)C] \\
&= \frac{1}{3.1 \times 30\%}[390.6 \times 3.1 - 390.6 \times (3.1 - 1) \times 30\%] \\
&= 1037.4\ (\mathrm{m^3})
\end{aligned}
$$

按 15%的设备富余系数来确定搅拌槽的规格型号，设槽体直径为 D，长径比为 1，槽体有效容积按槽体高度的 85%计算，有：

$$
V = 0.85 \times \frac{60}{6} \times \frac{\pi}{4}D^3 \geqslant 1.15 \times 1037.4
$$

可得槽体直径 $D \geqslant 5.632$ m，取 $D=6$ m，选用 $\phi 6$ m×6 m 规格矿浆搅拌槽。

(2)根据搅拌要求，进而确定搅拌槽的搅拌转速、装机功率等参数

对药剂搅拌槽的选型，同样可通过药剂的用量和药剂的调配时间来确定药剂搅拌槽的规格大小。

2. 稀贵金属浸出作业搅拌浸出槽的选型

在稀贵金属的浸出作业中，为了达到较高的浸出率，实现稀贵金属的有效回收，一般都要经过较长时间的搅拌浸出。以黄金的碳吸附浸出为例，原矿要达到 90%以上的浸出率，搅拌浸出时间可能长达 48 h，因此，需要搅拌浸出设备的有效容积相当大，通常采用多台设备串联使用连续浸出来达到目的。为了使矿物颗粒能顺利地从前槽溢流进后面的浸出槽，这就要求搅拌浸出槽有较大的搅拌强度，使槽内矿物颗粒完全悬浮。通常搅拌浸出槽采用双叶轮搅拌系统，上搅拌轮采用斜桨叶结构，其矿浆流以径向流为主，下搅拌轮采用螺旋桨搅拌轮或下掠式搅拌轮结构，其矿浆流以轴向流为主。为避免沉槽，下搅拌轮的直径和桨叶迎浆面的面积均比上搅拌轮的大，以便把更多的搅拌功率传递到下搅拌轮，加大搅拌强度。在连续浸出工艺中，搅拌浸出槽台数太少，则单台设备的规格可能过大，导致加工制造困难；台数过多，则浸出流程太长，占地面积大，不能充分发挥设备的效能，导致设备维护管理成本增加，一般以 6~8 台为宜。如某黄金冶炼厂，采用 8 台搅拌浸出槽连续浸出。年处理原矿 100 万吨，原矿密度 3.0 t/m^3 左右，磨矿粒度为 74 μm(质量分数为 95%)，浸出质量分数 45%，浸出时间为 48 h。该厂工作制度为每年 320 d，每天 24 h。试确定搅拌浸出槽的规格型号。

(1)确定搅拌槽的规格大小

根据年处理量，计算得到其小时处理量为 1000000/(320×24)= 130. 2 t，对应的矿浆小时体积流量为：

$$Q = \frac{1}{\rho C}[W\rho - W(\rho - 1)C]$$

$$= \frac{1}{3.0 \times 45\%}[130.2 \times 3.0 - 130.2 \times (3.0 - 1) \times 45\%]$$

$$= 202.5\ (\mathrm{m}^3)$$

因此，有效浸出容积不能小于 202.5×48 = 9720 m^3。按 15%的设备富余系数来确定搅拌浸出槽的规格型号，设槽体直径为 D，长径比为 1.1，槽体有效容积按槽体高度的 85%计算，有：

$$V = 8 \times 0.85 \times \frac{\pi}{4} D^2 H = 11.75 D^3 \geqslant 1.15 \times 9720$$

可得槽体直径 $D \geqslant 9.835$ m，取 $D = 10$ m，选用 $\phi10 \times 11$ m 规格搅拌浸出槽。

6.2　搅拌槽设备在含砷冶金渣无害化处置及资源化利用方面的应用

6.2.1　概述

我国将铁、锰、铬以外的金属或半金属称为有色金属，又根据其物理化学特性和提取方法的不同，分为轻有色金属、重有色金属、贵金属和稀有金属等四类。我国有色金属资源贫矿多，品位低，成分复杂，因而在其选冶过程中，产生大量的工业废渣，其中含量最多的为赤泥渣，其次是铜渣及铅、锌、锡、锑等金属选冶过程中产生的废渣。这些废渣中不但含有铅、铜、锌、锡 、铟、锑等有价元素及金、银、铂、钯等贵金属元素，同时砷的质量分数非常高(5%~40%)。这类高砷废料不但造成严重的环境污染，也造成了资源的浪费。表 6-1 是河南某公司冰铜冶炼烟灰的分析结果，可见其中铜、铅、锌、锡、银、铟等有价金属元素的质量分数较高，但同时砷的质量分数亦高达 20%以上。

表 6-1　铜冶炼烟灰中主要有价金属元素的质量分数

主要元素	铜	锌	铅	锡	铋	铟	砷	银
质量分数/%	6.04	2.13	35.83	2.78	0.28	0.029 g/t	20.17	0.057

随着国家生态文明建设及绿色可持续发展战略的实施，对有色冶金渣的无害化处置及资源化综合利用提出了迫切要求。《国家中长期科学和技术发展规划纲要(2006—2020 年)》提出："引导和支撑循环经济发展。大力开发重污染行业清洁生产集成技术，强化废弃物减量化、资源化利用与安全处置，加强发展循环经济的共性技术研究，大幅度提高改善环境质量的科技支撑能力。" 生态环境部《2012 年度国家环境保护公益性行业科研专项项目申报指南》在重金属污染防治领域中明确提出要开展"再生金属行业重金属污染评价与防控技术的研究"。因此，开展有色冶金废渣的无害化处置及资源化利用新工艺、新技术的研究，有重大的环保意义和工程应用价值。

6.2.2 含砷冶金废渣无害化处理新工艺

1. 含砷冶金废渣湿法脱砷的可能性

(1)酸浸脱砷工艺

采用 H_2O_2 加硫酸溶液浸出脱砷，主要是利用低价砷的氧化物在硫酸双氧水体系中进行氧化浸出，使砷转化为易溶解的 H_3AsO_4 进入溶液，铅化合物转化为 $PbSO_4$ 沉淀入渣，其他有价金属在体系中的行为如下：

脱砷： $As_2O_3+3H_2O+H_2O_2 = 2H_3AsO_4+H_2O$

沉铅： $Pb_5(AsO_4)_3OH+5H_2SO_4 = 5PbSO_4\downarrow+3H_3AsO_4+H_2O$

$PbS+H_2SO_4+H_2O_2 = PbSO_4\downarrow+S\downarrow+2H_2O$

溶铜： $CuO+H_2SO_4 = CuSO_4+H_2O$

溶锌： $ZnO+H_2SO_4 = ZnSO_4+H_2O$

溶锑： $Sb_2O_3+5H_2SO_4+2H_2O_2 = Sb_2(SO_4)_5+7H_2O$

溶铋： $Bi_2O_3+5H_2SO_4+2H_2O_2 = Bi_2(SO_4)_5+7H_2O$

经过酸性浸出后，浸出液中主要成分为 H_3AsO_4、$CuSO_4$、$ZnSO_4$ 及少量溶解的 Bi_2O_3 和 Sb_2O_3，浸出渣中主要成分为 $PbSO_4$ 和 SnO_2，Bi_2O_3 和 Sb_2O_3，从而实现砷和有价金属的分离。

(2)碱浸脱砷工艺

在含砷冶金废渣中加入 NaOH 和硫磺进行搅拌浸出，使砷生成可溶性的 Na_3AsS_3，有价金属则转化为硫化物进入浸出沉渣，实现砷和有价金属的分离。相关的砷和有价金属在浸出体系中行为如下：

$$6NaOH+4S = 2Na_2S+Na_2S_2O_3+3H_2O$$

脱砷： $As_2O_3+6Na_2S = 2Na_3AsS_3$

脱砷沉铅： $Pb_5(AsO_4)_3OH+5Na_2S = 5PbS\downarrow+3Na_3AsO_4+NaOH$

沉铅： $Na_2PbO_2+Na_2S+2H_2O = PbS\downarrow+4NaOH$

沉锌： $ZnO+Na_2S+2H_2O = ZnS\downarrow+2NaOH$

沉铜： $CuO+Na_2S+2H_2O = CuS\downarrow+2NaOH$

溶锑： $Sb_2O_3+6Na_2S+3H_2O = 2Na_3SbS_3+6NaOH$

从砷和有价金属在浸出过程中的行为可以看出，浸出液中主要成分为 $Na_2S_2O_3$、Na_3AsS_3、Na_3AsO_4 和 Na_3SbS_3 等，浸出沉渣的主要成分为 PbS、ZnS 和 CuS 等，实现砷和有价金属的初步分离，再在浸出液中加入 H_2O_2 对 Na_3SbS_3 进行氧化，使锑生成 $NaSb(OH)_6$ 进入沉渣，实现砷和有价金属的进一步分离。相关的化学反应如下：

沉锑： $2Na_3SbS_3+14H_2O_2+2NaOH = 2NaSb(OH)_6\downarrow+3Na_2S_2O_3+9H_2O$

$Na_3SbS_3+4H_2O_2 = NaSb(OH)_6\downarrow+3S\downarrow+2NaOH$

2. 有价金属回收

将酸性浸液和碱性浸出液进行中和，在一定的 pH 下，使有价金属 Cu、Zn、Sn 和 Bi 等离子生成 $Cu(OH)_2$、$Zn(OH)_2$、SnO_2 和 Bi_2O_3 进入浸出沉渣，通过一定的工艺实现有价金属的进一步回收。

3. 无害化处置

(1) 含砷冶金渣无毒无害化处理现状

目前，国内外对含砷冶金废渣普遍采用火法或湿法处理工艺。火法工艺利用三氧化二砷等砷化合物沸点低的特性，在高温下将砷化合物挥发，从而实现砷元素与其他元素的分离。该方法的优点是成本低，工艺成熟，缺点是分离效率低，生产过程会向环境大量释放三氧化二砷等有毒砒灰，环境污染大；湿法处理工艺是将砷酸根离子与石灰或铁盐反应，生成低毒难溶的砷酸钙或砷酸铁后，进行填埋处理。因水泥固化具有工艺和设备简单、成本低等优点，该技术在国内外得到普遍应用。其原理是将砷酸钙或砷酸铁加水搅拌与水泥混合，水泥中的硅酸盐与水形成水合产物，生成硅酸盐凝胶，阻碍砷等有害成分的浸出。但固化后的含砷填埋物体积增大，且热力学特性不稳定，易与环境中的水、二氧化碳等发生反应，释放出的剧毒 H_3AsO_4 返溶到环境中导致二次污染。

(2) 臭葱石及其特性

自然界中存在一种天然稳定的 $FeAsO_4 \cdot 2H_2O$ 臭葱石矿石，它的晶体结构稳定，同时具有含铁量低、含砷量高(32.5%)、毒性低、溶度积小等特点。中南大学唐新村教授团队对其进行了系统研究，发现臭葱石表面包裹着一层坚硬的针铁矿外壳，阻隔了 $FeAsO_4$ 的水解。据此，提出了如图 6-1 所示的 $FeAsO_4$/针铁矿核壳结构，利用铁盐对含砷废渣进行无害化处理。

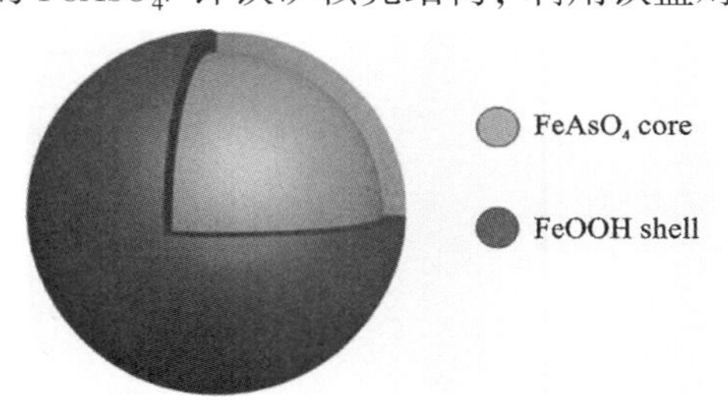

图 6-1 $FeAsO_4$/针铁矿核壳结构

(3) 人工臭葱石制备

在中和洗液中加入硫酸调节 pH，再加入铁盐在一定的温度和压力下，经过强烈搅拌，使砷酸盐被砷酸铁包裹，形成砷酸盐/砷酸铁包裹体结构。随着搅拌过程的进行，其晶型进一步发生转化，最终形成 $FeAsO_4$/针铁矿核壳结构，其原理如图 6-2 所示。

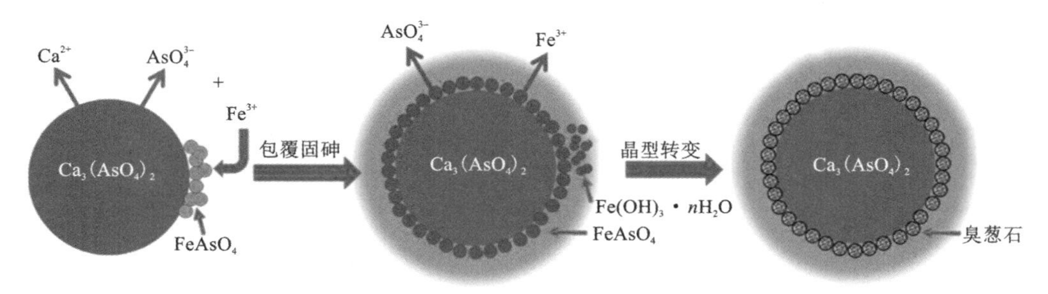

图 6-2 砷无毒无害化处理原理

4. 含砷冶金废渣无害化处理新工艺流程

从上面的分析可以看出，含砷冶金废渣无害处理新工艺流程可以按照“脱砷、沉砷、固砷、有价金属回收”四部曲来进行，其原则流程如图 6-3 所示。

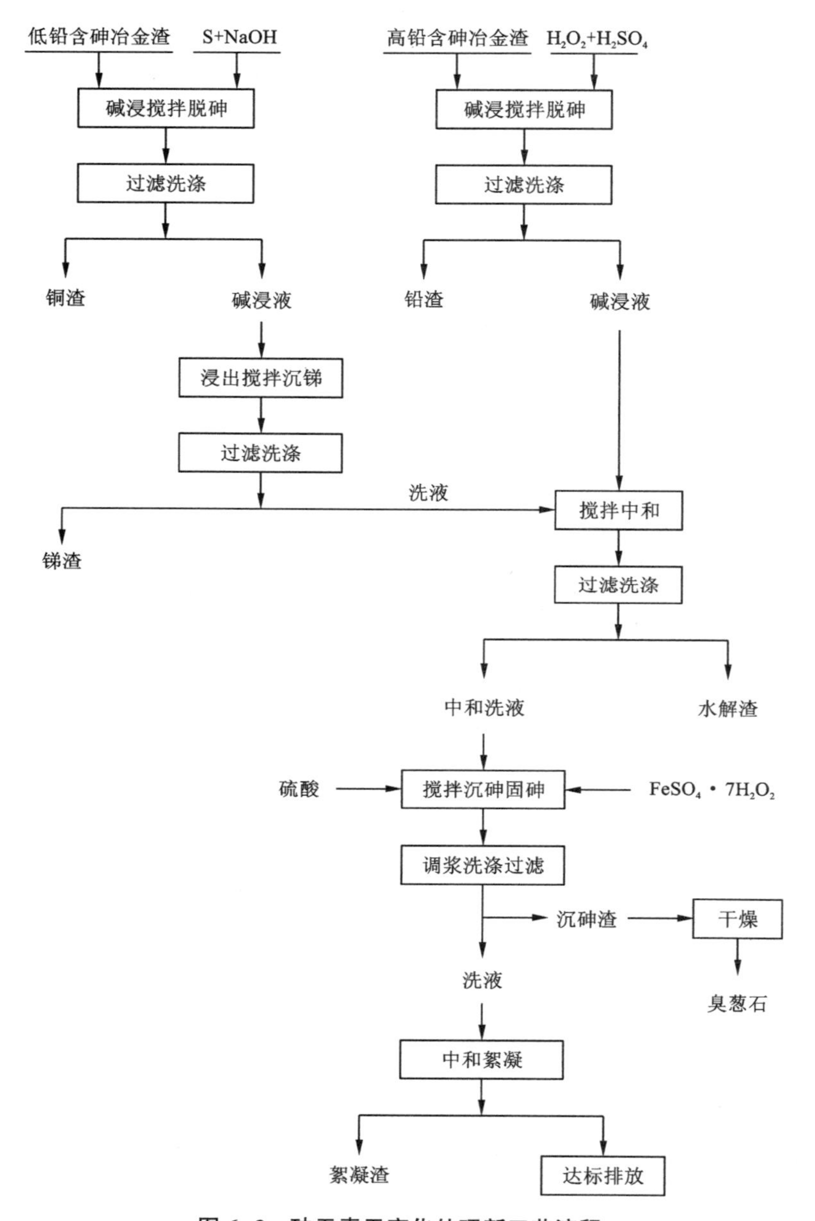

图 6-3　砷无毒无害化处理新工艺流程

6.2.3 含砷冶金废渣无害化处理搅拌反应釜

含砷冶金废渣无害处理过程中，无论是在脱砷、沉砷及臭葱石人工制备等环节，搅拌反应釜是必不可少的关键设备。由于搅拌反应釜需要在有一定压力、温度和强酸碱腐蚀的条件下运转，加之，砷元素及其化合物有剧毒，因此，反应釜必须密封良好，同时具有耐高温、高压及酸碱腐蚀等特点。在搅拌反应釜设计时，需对材料的选用、反应釜结构、密封形式及传动方式等方面进行特别考虑。

6.3 搅拌槽设备主要生产制造厂家

国内生产搅拌槽设备的厂家众多，下面仅对部分厂家生产的搅拌槽设备进行简单介绍。

6.3.1 长沙矿冶研究院有限责任公司

该公司为大型科技型企业，有一支长期从事多相浆体搅拌机理研究及搅拌设备开发的专业队伍，开发研制的 CK 系列高效矿浆搅拌槽是具有自主知识产权、居国际领先水平的新型浆体搅拌设备，获国家发明三等奖、广州国际专利展览会金奖、中国专利优秀奖。生产的搅拌槽设备主要有 CK 系列高效矿浆搅拌槽、浸出槽、CK 系列高效药剂搅拌槽、XKT 系列提升搅拌槽及用于全尾砂膏体胶结充填的 GJ 高浓度搅拌槽。

CK 高效矿浆搅拌槽采用皮带传动或减速箱传动，其结构特点及工作原理为：搅拌系统采用下掠式异形搅拌轮，搅拌轮置于导流筒内，与导流器上端面距离 30~50 mm。搅拌轮顺时针旋转，推动矿浆由导流器的流体通道冲向槽体底部并向四周散开，使槽内矿浆形成“W”型流迹上下激烈循环，同时在槽体与导流整流装置之间，形成与搅拌轮转动方向相反的矿浆流，对固体颗粒物表面进行强力擦洗，改善油药作用条件，强化矿化分散效果。高效搅拌槽具有能耗低、油药弥散均匀、搅拌强烈、固相不沉槽、搅拌轮使用寿命长、可带矿起动等特点。适用于磨矿细度小于 1 mm、矿石密度小于 4.8、质量分数小于 60%的矿浆搅拌调和。

GJ 高浓度搅拌槽是针对全尾砂高浓度膏体胶结充填料浆的搅拌制备而开发研制的，具有搅拌强烈、混合均匀的特点，广泛应用于高浓度料浆的搅拌制备。

CK 系列高效矿浆搅拌槽、CK 系列高效药剂搅拌槽、XKT 系列提升搅拌槽及 GJ 高浓度搅拌槽的主要技术参数分别见表 6-2~表 6-5。

表 6-2 CK 系列高效矿浆搅拌槽主要技术参数

规格型号	槽体内径 /mm	槽体高度 /mm	电机功率 /kW	搅拌转速 /($r \cdot min^{-1}$)	叶轮直径 /mm	质量 /kg	备注
CK1000×1000	1000	1000	2.2	290	300	860	
CK1500×1500	1500	1500	5.5	235	460	2100	
CK2000×2000	2000	2000	11	220	560	2750	

续表6-2

规格型号	槽体内径/mm	槽体高度/mm	电机功率/kW	搅拌转速/(r·min^{-1})	叶轮直径/mm	质量/kg	备注
CK2500×2500	2500	2500	15	200	650	4480	
CK3000×3000	3000	3000	22	185	760	7290	
CK3500×3500	3500	3500	37	145	920	11750	
CK4000×4000	4000	4000	37	145	920	12380	
CK4500×4500	4500	4500	45	165	920	15690	
CK5000×5000	5000	5000	55	140	1060	24600	
CK5500×5500	5500	5500	75	125	1180	29360	
CK6000×6000	6000	6000	75	125	1180	33660	
CK6500×6500	6500	6500	90	100	1380	32350	
CK7000×7000	7000	7000	90	100	1380	38460	双叶轮
CK8000×8000	8000	8000	110	83	1500/1560	52280	双叶轮
CK9000×9000	9000	9000	132	75	1600/1650	70580	双叶轮
CK10000×10000	10000	10000	160	63	1600/1860	79650	双叶轮

表 6-3 CK 系列高效药剂搅拌槽主要技术参数

规格型号	槽体内径/mm	槽体高度/mm	电机功率/kW	搅拌转速/(r·min^{-1})	叶轮直径/mm	质量/kg
CK1000×1000	1000	1000	1.5	260	250	360
CK1500×1500	1500	1500	4	230	400	1050
CK2000×2000	2000	2000	5.5	210	480	1860
CK2500×2500	2500	2500	7.5	180	560	3150
CK3000×3000	3000	3000	11	165	650	4660
CK3500×3500	3500	3500	15	150	700	7180
CK4000×4000	4000	4000	18.5	150	720	9230

表 6-4 XKT 系列提升搅拌槽主要技术参数

规格型号	槽体内径/mm	槽体高度/mm	电机功率/kW	搅拌转速/(r·min^{-1})	叶轮直径/mm	提升高度/mm	质量/kg
CK1500×1500	1500	1500	11	420	450	1000	1490
CK2000×2000	2000	2000	22	386	550	1300	2470
CK2500×2500	2500	2500	30	320	650	1500	3760

续表6-4

规格型号	槽体内径 /mm	槽体高度 /mm	电机功率 /kW	搅拌转速 /(r·min^{-1})	叶轮直径 /mm	提升高度 /mm	质量 /kg
CK3000×3000	3000	3000	45	300	750	1800	5660
CK3500×3500	3500	3500	75	290	850	2000	8360

表 6-5　GJ 高浓度搅拌槽主要技术参数

规格型号	槽体内径 /mm	槽体高度 /mm	电机功率 /kW	搅拌转速 /(r·min^{-1})	叶轮直径 /mm	处理量 /(m^3·h^{-1})	质量 /kg
CK1000×1000	1000	1000	5.5	240	460	20~40	750
CK1500×1500	1500	1500	15	240	560	40~60	1960
CK2000×2000	2000	2000	37	235	560/560	60~120	3160
CK2500×2500	2500	2500	55	220	750/760	100~180	5480
CK3000×3000	3000	3000	75	210	800/800	150~250	8200

6.3.2　沈阳矿山机械有限公司

该公司生产的搅拌槽设备主要有 XB 型矿用搅拌槽、药剂搅拌槽、提升搅拌槽。XB 型矿用搅拌槽主要用于浮选作业前的矿浆和药剂搅拌，分槽内有矿浆循环筒和无矿浆循环筒两种结构，适用于矿石比重小于 3.5、质量分数小于 30%的矿浆搅拌调和。

XB 型矿用搅拌槽、提升搅拌槽的主要技术参数分别见表 6-6、表 6-7。

表 6-6　XB 型矿用搅拌槽主要技术参数

规格型号	槽体内径 /mm	槽体高度 /mm	电机功率 /kW	搅拌转速 /(r·min^{-1})	搅拌轮直径 /mm	备注
XB-1000	1000	1000	1.1	530	240	有矿浆循环筒
XB-1500	1500	1500	3	320	400	有矿浆循环筒
XB-2000	2000	2000	5.5	230	550	有矿浆循环筒
XB-2500	2500	2500	18.5	200	650	有矿浆循环筒
XB-3000	3000	3000	18.5	210	700	有矿浆循环筒
XB-3500	3500	3500	22	230	850	有矿浆循环筒
ϕ4500×4500	4500	4500	22	55	1900	无矿浆循环筒
ϕ8000×8000	8000	8000	75	34	3200	无矿浆循环筒
ϕ8000×11000	8000	11000	45	41.7	2500	无矿浆循环筒
ϕ14000×30000	14000	30000	90	6.5	8400/9500	无矿浆循环筒

表 6-7　ϕ1500×1500 提升搅拌槽主要技术参数

规格型号	槽体内径/mm	槽体高度/mm	电机功率/kW	搅拌转速/($r \cdot min^{-1}$)	搅拌轮直径/mm	提升高度/mm
ϕ1500×1500	1500	1500	11	400	410	1070

6.3.3 辽源市重型机器厂

该公司生产的搅拌槽设备主要有 RJ 型、RJW 型和 XB 型矿用搅拌槽、XBT 型提升搅拌槽和 XBN 型高浓度搅拌槽。RJ 型搅拌槽主要用于浮选前的搅拌作业，槽体内设有矿浆循环筒，其主要技术参数见表 6-8；RJW 型搅拌槽槽内设有涡流挡板，主要用于浮选药剂的溶解制备与矿浆储存及稀贵金属的搅拌浸出，其主要技术参数见表 6-9；XB 型矿用搅拌槽与沈阳矿山机械有限公司的同类型搅拌槽相似，其主要技术参数见表 6-10；XBT 型提升搅拌槽适用于磨矿细度小于 1 mm、矿石相对密度小于 4.5、质量分数小于 40%的矿浆搅拌提升；XBN 型高浓度搅拌槽的主要特点是加大了螺旋桨搅拌轮和矿浆循环筒的直径，可用于磨矿细度小于 1 mm、质量分数小于 70%的矿浆搅拌混合。XBT 型提升搅拌槽和 XBN 型高浓度搅拌槽的主要技术参数见表 6-11、表 6-12。

表 6-8　RJ 型矿用搅拌槽主要技术参数

规格型号	槽体内径/mm	槽体高度/mm	电机功率/kW	搅拌转速/($r \cdot min^{-1}$)	搅拌轮直径/mm	质量/kg
RJ-1000	1000	1000	1.5	610	250	530
RJ-1250	1250	1250	2.2	490	310	685
RJ-1600	1600	1600	4	282	400	1170
RJ-2000	2000	2000	7.5	305	500	2205
RJ-2500	2500	2500	11	244	625	3500
RJ-3550	3550	3550	18.5	172	888	7050
RJ-4000	4000	4000	30	153	1000	8920

表 6-9　RJW 型搅拌槽主要技术参数

规格型号	槽体内径/mm	槽体高度/mm	电机功率/kW	搅拌转速/($r \cdot min^{-1}$)	搅拌轮直径/mm	质量/kg
RJW-1000	1000	1000	1.1	535/458	250	490
RJW-1250	1250	1250	1.5/1.1	428/367	310	610
RJW-1600	1600	1600	2.2/1.5	334/286	400	1080
RJW-2000	2000	2000	4/2.2	267/229	500	2050

续表6-9

规格型号	槽体内径/mm	槽体高度/mm	电机功率/kW	搅拌转速/($r \cdot min^{-1}$)	搅拌轮直径/mm	质量/kg
RJW-2500	2500	2500	7.5/4	214/183	625	3030
RJW-3550	3550	3550	15/11	151/129	888	6540
RJW-4000	4000	4000	18.5/15	134/115	1000	8080

表 6-10　XB 型搅拌槽主要技术参数

规格型号	槽体内径/mm	槽体高度/mm	电机功率/kW	搅拌转速/($r \cdot min^{-1}$)	搅拌轮直径/mm	质量/kg
XB-1000	1000	1000	1.5	530	250	470
XB-1600	1600	1600	5.5	340	400	1000
XB-2000	2000	2000	11	290	550	1500
XB-2500	2500	2500	15	270	650	3400
XB-3000	3000	3000	22	250	750	5190
XB-3550	3550	3550	30	230	850	7280
XB-4000	4000	4000	37	210	1000	12510

表 6-11　XBT 型提升搅拌槽主要技术参数

规格型号	槽体内径/mm	槽体高度/mm	电机功率/kW	搅拌转速/($r \cdot min^{-1}$)	搅拌轮直径/mm	提升高度/mm	质量/kg
XBT-1500	1500	1930	11	443	450		1500
XBT-2000	2000	2000	15	362	550		2470

表 6-12　XBN 型高浓度搅拌槽主要技术参数

规格型号	槽体内径/mm	槽体高度/mm	电机功率/kW	搅拌转速/($r \cdot min^{-1}$)	搅拌轮直径/mm	质量/kg
XBN-500	500	500	1.1	600	200	140
XBN-750	750	750	2.2	600	300	300
XBN-1000	1000	1000	5.5	530	400	610
XBN-2000	2000	2000	15	240	700	2600

6.3.4 内蒙古黄金机械厂

该厂生产的搅拌槽设备主要有BCF-A型浮选前搅拌槽、BS-A型普通搅拌槽、大型搅拌槽和高浓度搅拌槽四种，BCF-A型浮选前搅拌槽规格型号及主要技术参数均与辽源市重型机器厂生产的RJ型搅拌槽相同，其余三种型号的搅拌槽主要技术参数分别见表6-13至表6-15。

表6-13　BS-A型普通搅拌槽主要技术参数

规格型号	槽体内径/mm	槽体高度/mm	电机功率/kW	搅拌转速/$(r·min^{-1})$	搅拌轮直径/mm
BS-A1000	1000	1000	1.1	535/458	250
BS-A1250	1250	1250	1.5/1.1	428/367	312.5
BS-A1600	1600	1600	2.2/1.5	334/286	400
BS-A2000	2000	2000	4/2.2	267/229	500
BS-A2500	2500	2500	7.5/4	214/183	625
BS-A3150	3150	3150	11/7.5	170/145	788
BS-A3550	3550	3550	15/11	151/129	888
BS-A4000	4000	4000	18.5/15	134/115	1000

表6-14　大型搅拌槽主要技术参数

规格型号	槽体内径/mm	槽体高度/mm	电机功率/kW	搅拌转速/$(r·min^{-1})$	搅拌轮形式	矿浆质量分数/%	质量/kg
$\phi 8.5\times 8.5$	8500	8500	75	52.8/43.5	螺旋桨	60	52920
$\phi 9\times 9.5$	9000	9500	30	24	斜桨	20	55890
$\phi 10\times 10.4$	10000	10400	95	43.2/38.1	螺旋桨	60	70350

表6-15　高浓度搅拌槽主要技术参数

规格型号	槽体内径/mm	槽体高度/mm	电机功率/kW	搅拌转速/$(r·min^{-1})$	搅拌轮直径/mm	介质质量分数/%	介质粒度/mm	质量/kg
$\phi 1500\times 1500$	1500	1500	18.5	280	500	70	0.053~0.15	2210
$\phi 2000\times 2100$	2000	2100	22/459	240	650	75	3	2980/3170
$\phi 4000\times 4000$	4000	4000	30	121.6	1000	60	0.074	8160

6.3.5 烟台冶金矿山机械厂

该厂生产的单叶轮和双叶轮搅拌槽，适用于金属和非金属矿浮选前的矿浆及药剂搅拌，主要技术参数分别见表 6-16、表 6-17。

表 6-16 单叶轮搅拌槽主要技术参数

规格型号	槽体内径/mm	槽体高度/mm	电机功率/kW	搅拌转速/($r \cdot min^{-1}$)	搅拌轮直径/mm	质量/kg
ϕ1000×1000	1000	1000	1.5	534	240	660
ϕ1600×1600	1600	1600	4	382	400	1170
ϕ2000×2000	2000	2000	7.5	305	500	2200
ϕ2500×2500	2500	2500	11	244	625	3500
ϕ3150×3150	3150	3150	15	194	788	4650
ϕ3550×3550	3550	3550	18.5	172	888	7050
ϕ4000×4000	4000	4000	30	153	1000	8920

表 6-17 双叶轮搅拌槽主要技术参数

规格型号	有效容积/m^3	搅拌转速/($r \cdot min^{-1}$)	质量分数/%	减速箱型号/速比	配套电机	质量/kg
ϕ2000×2500	6	73	45			2580
ϕ2500×3150	13	57	45	NGW-L-42/25	Y100L-4-B5	3370
ϕ3000×3500	24	36	45	NGW-L-52/40	Y132S-4-B5	5500
ϕ3550×4000	35	40.5	45	NGW-L-42/35.5	Y112M-4-B5	6650
ϕ4000×4500	56	31	45	NGW-L-52/31.5	Y160M-4-B5	8285
ϕ4500×5000	80	28	45	NGW-L-52/25	Y160L-6-B5	10800
ϕ5000×5600	110	28	45	NGW-L-52/25	Y160L-8-B5	14220

6.3.6 烟台鑫海矿山机械有限公司

该公司生产的搅拌槽规格型号较多，部分型号搅拌槽设备的主要技术参数见表 6-18 至表 6-21。

表 6-18　普通搅拌槽主要技术参数

规格型号	槽体内径/mm	槽体高度/mm	电机功率/kW	搅拌转速/$(r\cdot min^{-1})$	搅拌轮直径/mm	质量/kg
BJ-500×500	500	500	0.55	493	160	
BJ-750×750	750	750	1.5	530	240	230
BJ-1000×1000	1000	1000	1.5	530	310	680
BJ-1500×1500	1500	1500	3	320	400	1360
BJ-2000×2000	2000	2000	5.5	230	550	1800
BJ-2000×2500	2000	2500	7.5	280	630	2100
BJ-2500×2500	2500	2500	7.5	230	630	2770
BJ-3000×3000	3000	3000	18.5	210	700	4610

表 6-19　高效搅拌槽主要技术参数

规格型号	槽体内径/mm	槽体高度/mm	电机功率/kW	搅拌转速/$(r\cdot min^{-1})$	搅拌轮直径/mm	质量/kg
GBJ-1000×1000	1000	1000	2.2	530	240	680
GBJ-1250×1250	1250	1250	3	320	240	1360
GBJ-1500×1500	1500	1500	5.5	230	420	1800
GBJ-2000×2000	2000	2000	7.5	280	560	2100
GBJ-2500×2500	2500	2500	7.5	230	560	2770
GBJ-3000×3000	3000	3000	18.5	210	700	4610

表 6-20　提升搅拌槽主要技术参数

规格型号	有效容积/m^3	槽体高度/mm	电机功率/kW	搅拌转速/$(r\cdot min^{-1})$	搅拌轮直径/mm	提升高度/mm	质量/kg
TBJ-1000	0.9	1266	5.5	460	300	980	
TBJ-1250	1.4	1510	5.5	460	300	1220	
TBJ-1500	2.8	1800	7.5	480	450	1470	1020

表 6-21　高浓度搅拌槽主要技术参数

规格型号	有效容积/m^3	槽体高度/mm	电机功率/kW	搅拌转速/$(r\cdot min^{-1})$	搅拌轮直径/mm	质量/kg
BJN-1000×1000	0.6	1000	5.5	530	400	1800
BJN-1500×1500	2.2	1500	11	320	400	2500
BJN-2000×2000	5.5	2000	15	240	700	3100
BJN-3000×3000	19	3000	22	210	700	4660

6.3.7 中能矿机制造有限公司

该公司生产的搅拌槽设备主要有 CK 高效搅拌槽、XB 型普通搅拌槽、提升搅拌槽、双叶轮高效搅拌浸出槽和药剂搅拌槽。CK 高效搅拌槽采用下掠式搅拌轮，槽内矿浆按“W”型流迹循环，搅拌强烈，主要用于浮选前的搅拌作业，槽体内设有矿浆循环筒，其主要技术参数见表 6-22；XB 型普通搅拌槽、提升搅拌槽、双叶轮高效搅拌浸出槽和药剂搅拌槽的主要技术参数见表 6-23 至表 6-26。

表 6-22　CK 高效搅拌槽主要技术参数

规格型号	槽体内径 /mm	槽体高度 /mm	电机功率 /kW	搅拌转速 /($r \cdot min^{-1}$)	搅拌轮直径 /mm	质量 /kg
CK1000×1000	1000	1000	4	530	240	600
CK1250×1250	1250	1250	5.5	350	240	1220
CK1500×1500	1500	1500	7.5	320	420	2430
CK2000×2000	2000	2000	11	240	560	3420
CK2500×2500	2500	2500	22	232	560	4330
CK3000×3000	3000	3000	30	220	700	6950
CK4000×4000	4000	4000	37	153	1000	10520
CK5000×5000	5000	5000	45	120	1250	12620

表 6-23　XB 型普通搅拌槽主要技术参数

规格型号	槽体内径 /mm	槽体高度 /mm	电机功率 /kW	搅拌转速 /($r \cdot min^{-1}$)	搅拌轮直径 /mm	质量 /kg
XB-1000	1000	1000	1.1	530	240	685
XB-1500	1500	1250	3	320	400	1110
XB-2000	2000	2000	5.5	230	550	1500
XB-2500	2500	2500	18.5	280	650	3460
XB-3000	3000	3000	18.5	210	700	5190
XB-3500	3500	3500	22	230	850	7280
XB-4000	4000	4000	37	210	1000	12510

表 6-24 提升搅拌槽主要技术参数

规格型号	槽体内径 /mm	槽体高度 /mm	电机功率 /kW	搅拌转速 /$(r \cdot min^{-1})$	提升高度 /mm	质量 /kg
XBT1000×1500	1000	1500	5.5	502	1000	990
XBT1500×1800	1500	1800	7.5	400	1200	1620
XBT2000×2000	2000	2000	15	363	1500	2260
XBT2500×2500	2500	2500	22	363	1500	4270
XBT3000×3000	3000	3000	30	363	1500	6100

表 6-25 双叶轮高浓度搅拌浸出槽主要技术参数

规格型号	槽体内径 /mm	槽体高度 /mm	电机功率 /kW	搅拌转速 /$(r \cdot min^{-1})$	搅拌轮直径 /mm	质量 /kg
ϕ2500×2500	2500	2500	2.2	65	800	2800
ϕ3000×3150	3000	3150	4	51	1130	5300
ϕ3500×3500	3500	3500	5.5	46	1310	7820
ϕ4000×4500	4000	4500	7.5	33.5	1500	8285
ϕ5000×5600	5000	5600	11	31	1900	13340
ϕ7500×8000	7500	8000	22	21	2900	32800
ϕ8000×8500	8000	8500	22	16.4	3200	42468

表 6-26 药剂搅拌槽主要技术参数

规格型号	槽体内径 /mm	槽体高度 /mm	电机功率 /kW	搅拌转速 /$(r \cdot min^{-1})$	搅拌轮直径 /mm	质量 /kg
RJW-1000	1000	1000	1.1	535/458	250	490
RJW-1250	1250	1250	1.5/1.1	428/367	312.5	610
RJW-1500	1500	1500	2.2/1.5	334/286	400	1080
RJW-2000	2000	2000	4/2.2	267/229	500	2050
RJW-2500	2500	2500	7.5/4	214/183	625	3030
RJW-3000	3000	3000	11/7.5	170/145	788	4010
RJW-3500	3500	3500	15/11	151/129	888	6540
RJW-4000	4000	4000	18.5/15	134/115	1000	8080

6.3.8　诸暨矿山机械厂

该厂生产的搅拌槽设备主要有 XB 型矿用搅拌槽、提升搅拌槽。XB 型矿用搅拌槽主要用于浮选作业前的矿浆和药剂搅拌，适用于矿石相对密度小于 3.5、质量分数小于 30%的矿浆搅拌调和。

XB 型矿用搅拌槽、提升搅拌槽的主要技术参数分别见表 6-27、表 6-28。

表 6-27　XB 型矿用搅拌槽主要技术参数

规格型号	槽体内径 /mm	槽体高度 /mm	电机功率 /kW	搅拌转速 /(r·min^{-1})	质量 /kg
XB-500	500	750	1.5	1000	530
XB-1000	1000	1000	1.1	530	685
XB-1500	1500	1500	3	320	860
XB-2000	2000	2000	5.5	230	1240
XB-2500	2500	2500	18.5	280	3460
XB-3000	3000	3000	18.5	210	4300

表 6-28　提升搅拌槽主要技术参数

规格型号	槽体内径 /mm	槽体高度 /mm	电机功率 /kW	搅拌转速 /(r·min^{-1})	质量 /kg
ϕ1000×1500	1	1000	5.5	500	
ϕ1500×1800	2.9	1500	7.5	400	1620

符号说明

D——槽体直径(m)
T——搅拌轮直径(m)
Θ——叶片迎浆面倾角(°)
A——面积(m^2)
K_i——系数、常数
C——质量浓度
μ——流体的黏度(Pa·s 或 N·s/m^2)
U——速度(m/s)
ω——旋转角速度(s^{-1})
D_f——固体颗粒在溶液中的扩散系数(m/s)
Q——体积流量(m^3/s)
M_d——弯矩(N·m)
W——抗弯截面模量(m^3)
ε——载荷性质系数
τ——剪切应力(N/mm^2)
N——功率(kW)
H——槽体高度(m)
B——叶片宽度(m)
d——搅拌轴直径(mm)
V——体积(m^3)
k——传质系数
ρ——密度(kg/m^3)
g——重力加速度(m/s^2)
t_m——时间(s)
n——转速(r/min)
a_w——颗粒球形因子
H_v——压头(m)
T_d——扭矩(N·m)
I——截面惯性矩(m^4)
φ——功率准数
σ——弯曲应力(N/mm^2)
α、β——叶轮形状对搅拌功率的影响系数为

参考文献

[1] 坎托罗维奇. 搅拌器计算原理[M]. 北京：机械工业出版社，1956.
[2] 曾凡，胡永平. 矿物加工颗粒学[M]. 徐州：中国矿业大学出版社，1995.
[3] 川北公夫小石真纯，穗谷真一. 粉体工程学[M]. 武汉：武汉工业大学出版社，1991.
[4] 周亨达. 工程流体力学[M]. 北京：冶金工业出版社，1983.
[5] 陈乙崇. 化工设备设计全书——搅拌设备设计[M]. 上海：上海科学技术出版社，1985.
[6] 山本一夫，永田进治. 搅拌装置[M]. 北京：化学工业出版社，1979.
[7] 周恩浦. 选矿机械[M]. 长沙：中南大学出版社，2014.
[8]《中国选矿设备手册》编委会. 中国选矿设备手册[M]. 北京：科学出版社，2006.
[9] 孙时元，王德如，黄慧. 国外选矿设备手册[M]. 马鞍山：冶金部马鞍山矿山研究院技术情报室，1990.
[10] 机械设计手册编委会. 机械设计手册(新版第 1 卷)[M]. 北京：机械工业出版社，2004.
[11] 刘道德. 化工设备的选择与工艺设计[M]. 长沙：中南大学出版社，2003.
[12] SINGER D A, MOSIER D L. A review of regional mineral resource assessment methods[J]. Economic Geology, 1981, 76(5): 1006-1015.
[13] ZHOU Aiming. Mining Backfill Technology in China[C]//Proceedings of the 8th International Symposium on Mining with Backfill, 2004(9): 6-8.
[14] BOGER D V. Environmental Rheology and the Mining International Industry[C]//Sixth Symposium on Mining with Backfill, Brislance, 1998: 15-20.
[15] SPEARING A J S, MILLETTE D, GAY F. The potential use of foam technology in underground Backfilling and surface tailings disposal[C]//Proc of Mass Min 2000. Brisbane: Australasian Institute of Mining and Metallurgy Publication Series, 2000: 193-197.
[16] PATERSON A J C, COOKE R, GEFICKE D. Design of hydraulic backfill distribution systems-lesson from case studies[C]//Proceedings of the 6th International Symposium on Mining with Backfill. Brisbane: The Australasian Institute of Mining and Metallurgy, 1998: 121-125.
[17] IIGNER H J, KRAMERS C P. Developments in backfill technology[C]//Proceedings of the 6th Intenational Symposium on Mining with Backfill. Brisbane: The Australasian Institute of Mining and Metallurgy, 1998: 122-133.
[18] TURNER M J, CLOUGH R W, MARTIN H C, et al. Stiffness and deflection analysis of complex structures [J]. Journal of the Aeronautical Sciences, 1956, 23(9): 805-823.
[19] 北京化工学院化学工程教研室搅拌功率小组. 平板式桨叶搅拌器功率测试小结[J]. 石油化工设备简讯，1978(4)：35-37.
[20] 北京化工学院搅拌功率科研组. 锚式搅拌器轴功率的研究[J]. 化工设备设计，1980(1)：43-45.

[21] 王桂福. 高效搅拌槽：CN86105999[P]. 1988-08-10.
[22] 刘排秧，王桂福，易凤英，等. 高效搅拌槽：CN96242501. X[P]. 1998-07-01.
[23] 刘排秧，易凤英，朱凯，等. 高效搅拌槽，ZL96 2 42501. X[P].
[24] 刘排秧，谢志刚，易凤英，等. 用于搅拌设备的直联传动搅拌轴组件：CN201020218697. 7[P]. 2011-01-19.
[25] 刘排秧，朱剑，朱凯. 适用于多相高浓度浆体的搅拌装置：CN201420748207. 2[P]. 2015-05-20.
[26] 刘排秧. 高效搅拌槽在工业中的应用[J]. 选矿机械，1991(1)：22-23.
[27] 何雄志，吴大转. 基于有限元法的搅拌轴转子动力学分析[J]. 轻工机械，2009，27(4)：46-49.
[28] 陈湘清，李花霞，陈和清，等. 一种气体净化系统，ZL2017 2 0332321. 0[P].
[29] 陈志平，章序文，林兴华，等. 搅拌与混合设备设计选用手册[M]. 北京：化学工业出版社，2004.
[30] 毛德明. 多层桨搅拌釜内流动与混合的基础研究[D]. 杭州：浙江大学，1998.
[31] 曹树谦，张文德，萧龙翔. 振动结构模态分析：理论实验与应用[M]. 2 版，天津：天津大学出版社，2014.
[32] 薛风先，胡仁喜，康士廷，等. ANSYS 12. 0 机械与结构有限元分析从入门到精通[M]. 北京：机械工业出版社，2010.
[33] 李湘花，李花霞，陈和清. 一种过滤方法、过滤机及过滤机粗粒料浆布料系统：CN201510631017. 1[P]. 2016-01-13.
[34] DAVIS M, MOHAMMED Y S, ELMUSTAFA A A, et al. Designing for static and dynamic loading of a gear reducer housing with FEA[J]. Power Transmission Engineering, 2010(2)：32-33.
[35] WANG K W, SHIN Y C, CHEN C H. On the natural frequencies of high-speed spindles with angular contact bearings[J]. Proceedings of the Institution of Mechanical Engineers, Part C：Mechanical Engineering Science, 1991, 205(3)：147-154.
[36] CLOUGH R W. The finite element method in plane stress analysis[C]//Proceedings of the 2nd Conference on Electronic Compution of American Society of Ciul Engineers. Pittsburgh, 1960：345-377.
[37] CHOUKSEY M, DUTT J K, MODAK S V. Modal analysis of rotor-shaft system under the influence of rotor-shaft material damping and fluid film forces[J]. Mechanism and Machine Theory, 2012, 48：81-93.
[38] ZIENKIEWICZ O C, CHEUNG Y K. Finite element in the solution of field problems [J]. The Engineer, 1965, 220(5)：507-510.
[39] SUKUMAR N, MORAN B, BLACK T, et al. An element-free Galerkin method for three-dimensional fracture mechanics[J]. Computational Mechanics, 1997, 20(1)：170-175.
[40] 李兵，何正嘉，陈雪峰. ANSYS Workbench 设计、仿真与优化：第 2 版[M]. 北京：清华大学出版社，2011.
[41] REDDY V, SHARAN A. Finite element modelled design of lathe spindles：the static and dynamic analyses [J]. Journal of Vibration and Acoustics, 1987, 109(4)：407-415.
[42] 朱凯. 全尾充填高浓度砂浆搅拌槽的设计研究[D]. 长沙：长沙矿冶研究院，2013.
[43] 何哲祥，田守祥，隋利军，等. 矿山尾矿排放现状与处置的有效途径[J]. 采矿技术，2008，8(3)：78-80.
[44] 周爱民. 矿山废料胶结充填：第 2 版[M]. 北京：冶金工业出版社，2010.
[45] 刘同有. 充填采矿技术与应用[M]. 北京：冶金工业出版社，2001.
[46] 杨建桥，黄德镛. 矿用充填料搅拌机研究进展[J]. 中国非金属矿工业导刊，2011(5)：61-63.
[47] 王新民，肖卫国，张钦礼. 深井矿山充填理论与技术[M]. 长沙：中南大学出版社，2005.
[48] 周爱民，等. 矿山充填技术的发展及其新概念[C]//第四届全国充填采矿会议论文集，1999.
[49] 蔡嗣经，王洪江. 现代充填理论与技术[M]. 北京：冶金工业出版社，2012.
[50] 孙恒虎，黄玉诚，杨宝贵. 当代胶结充填技术[M]. 北京：冶金工业出版社，2002.
[51] 杨慧芬，张强. 固体废物资源化：第 2 版[M]. 北京：化学工业出版社，2013.